青少年科技创新大赛丛书

AI虚拟

从入门到参赛

张 帆 丛书主编

李 博 金 鑫 主编

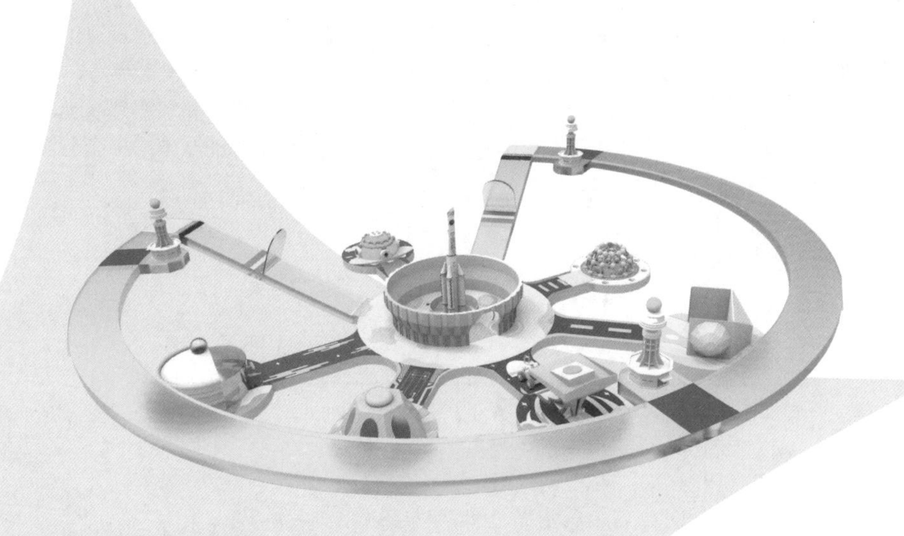

人民邮电出版社

北 京

图书在版编目（CIP）数据

AI 虚拟仿真从入门到参赛 / 李博，金鑫主编．
北京 : 人民邮电出版社，2025. -- （青少年科技创新大赛丛书）. -- ISBN 978-7-115-65112-9

Ⅰ. TP391.98-49

中国国家版本馆 CIP 数据核字第 2024NL5739 号

内 容 提 要

本书全面探讨人工智能三维仿真竞赛，包括竞赛的立意、类型和流程，并详细介绍人工智能三维仿真软件的核心功能，如编程、控制、循迹、定位等的应用。

本书首先介绍人工智能三维仿真竞赛的基础知识，为读者打下坚实的理论基础；其次转向人工智能三维仿真软件的详细教学，通过具体案例强化读者的学习效果；最后总结人工智能三维仿真竞赛中的常见任务类型，并结合历史竞赛案例，为读者提供实际参考。

本书适合准备参加人工智能三维仿真竞赛的读者，以及对机器人设计和编程感兴趣的广大科技爱好者阅读。无论是竞赛新手还是有一定竞赛经验的读者，都能从本书中受益，提升自己的技术水平并激发创新思维。

◆ 主　　编　李　博　金　鑫
　责任编辑　李永涛
　责任印制　王　郁　胡　南

◆ 人民邮电出版社出版发行　　北京市丰台区成寿寺路 11 号
　邮编　100164　　电子邮件　315@ptpress.com.cn
　网址　https://www.ptpress.com.cn
　北京富诚彩色印刷有限公司印刷

◆ 开本：700×1000　1/16
　印张：8.25　　　　2025 年 3 月第 1 版
　字数：164 千字　　2025 年 3 月北京第 1 次印刷

定价：69.90 元

读者服务热线：(010) 81055410　印装质量热线：(010) 81055316

反盗版热线：(010) 81055315

丛书序

党的二十大报告提出，必须坚持“创新是第一动力”，“坚持创新在我国现代化建设全局中的核心地位”。把握发展的时与势，有效应对前进道路上的重大挑战，提高发展的安全性，都需要把发展基点放在创新上。只有坚持创新是第一动力，才能推动生产力高质量发展，塑造我国的国际合作和竞争新优势。

在当今时代，创新是科学研究或企业发展的基础，它已经深入社会的每一个角落。为适应时代的发展，创新教育格外重要。创新教育鼓励学生摆脱被动的学习方式，通过实践、探索和体验，积极地掌握知识与技能。这种教育模式旨在培养学生的创新思维和解决问题的能力，为他们未来在各个领域的颠覆性创新打下坚实的基础。

“青少年科技创新大赛丛书”正是基于这种教育理念编写的。该丛书由创新教育专家、竞赛评委、一线获奖名师精心研讨编写，汇集了全国众多创客名师的教学和竞赛经验，这不仅是一套书，还是一套完整的创新入门课程。该丛书提供了项目学习过程中所需的相关配套数字资源，为师生提供了明确的教学指引和自学支持，能够帮助全国各地师生达成从入门到参赛的快速提升。

该丛书围绕3D创意设计、创客制作、人工智能、工程挑战4门主要课程，提供了系统而富有趣味的学习内容。该丛书所选案例均来自教育部审核并公示的面向中小学生的全国性竞赛活动，与省、市级的竞赛活动衔接。该丛书通过项目引路的形式，对一个个学生的作品进行深入解析，剖析其背后的学习和思考路径，由易到难、由浅入深地完整展现了创新项目学习所需的全环节和全过程，并确保每个项目、每个工程都具有实际的教育意义和应用价值。

相信该丛书能为中小学生、科技创新教育工作者、教师提供有价值的案例和思路，为学校科技创新特色发展模式的构建提供参考，为我国未来科技创新人才的培养贡献力量。

北京中望数字科技有限公司教育发展部总经理　王长民

2025年1月

前言

人工智能三维仿真竞赛自启动以来，其凭借独特魅力和无限潜力迅速在校园中引发了广泛的讨论和热情的参与。这项竞赛不仅将人工智能技术与学科内容紧密结合，更提供了一个全新的虚拟线上挑战平台，让选手在模拟的三维环境中解决实际问题。这种创新方式极大地激发了选手的创造力和想象力，使他们在解决问题的过程中，不仅锻炼了技能，还丰富了学习体验，提高了学术竞赛能力。

为了满足广大读者的需求，我们精心编写了这本面向零基础读者的人工智能三维仿真竞赛指导用书。本书的内容详尽而全面，涵盖从软件安装与注册到实用的电子件选用，再到程序编写等多个方面，为选手提供系统而深入的指导。此外，我们还特别分享了往届竞赛的案例，帮助读者更好地了解竞赛规则，提高竞赛水平。

通过本书以及配套的电子资源（下载方法见封底），读者可以将深奥的人工智能和三维虚拟仿真知识应用于生动、有趣的闯关式挑战。无论是竞赛新手还是有一定竞赛基础的读者，都能通过本书轻松感受人工智能三维仿真竞赛的独特魅力和创新形式。

在人工智能日益发展的今天，人工智能三维仿真竞赛已经成为一个展示最新人工智能技术的重要平台。通过这个平台，选手可以锻炼自己的实践能力，拓宽学术视野，提升综合素质。同时，竞赛也为广大师生提供了一个相互学习、交流的机会，促进了人工智能技术在教育领域的普及和应用。

在本书的编写过程中，我们荣幸地得到了来自全国相关竞赛的优秀竞赛教师、裁判、专家的无私帮助和支持。正是这些专业人士的宝贵意见与建议，让我们的书稿更加充实和完整。在此，我们向他们表示衷心的感谢。

同时，我们深知，本书作为一部具有指导性质的作品，承载着为广大读者提供宝贵经验和实用知识的使命。在编写过程中，我们始终坚持严谨、求实的态度，力求将权威、前沿的研究成果和实践经验融入其中。然而，我们也明白，任何一部作品都不可能完美无缺。我们真诚地欢迎广大读者提出宝贵的意见和建议。您的每一条意见，都将成为我们改进的动力；您的每一个建议，都将促使我们不断进步。联系电子邮箱：jinglingyaosai@126.com。

总之，人工智能三维仿真竞赛是一项充满挑战和机遇的竞赛活动。通过本书，我们相信会有更多的爱好者加入这项竞赛，共同探索人工智能的奥秘，为未来的科技发展贡献自己的力量。

编者

2025年1月

丛书编委会

主编

张　帆

副主编

蒋云飞　熊春复　李　博　彭　莉

专家顾问（排名不分先后）

张淑芳　孙洪波　何若晖　谢　琼　郭丽静　任鹏宇　蔡　琴　石润甫　李欣欣

蒋　礼　林　山　安文凤　江丽梅　孙小洁　钟嘉怡　何　超　杜明明　康文霞

本书编委会

主编

李　博　　北京中望数字科技有限公司

金　鑫　　中国人民大学附属中学丰台学校

副主编

路　涛　　安徽省阜阳市太和县三堂镇第四小学

崔恩锋　　济南舜文中学

苑　娜　　河北省廊坊市第七中学

罗永中　　新疆生产建设兵团第二中学

编委（排名不分先后）

郝　文　　山东省淄博市桓台县马桥镇陈庄小学

张文宇　　北京师范大学大连普兰店区附属学校

张丽丽　　安徽省宿州市泗县泗城第一小学

张静波　　潍坊杰睿教育培训学校

鸣谢

北京中望数字科技有限公司

i3DOne社区

目录

第3章 3D One AI中机器人的设置与编程 18

第4章 机器人控制设计 27

第5章 循迹任务功能设计 40

第6章 坐标定位功能设计 62

01

第1章 人工智能三维仿真竞赛简介

本章要点

- 人工智能三维仿真竞赛的立意。
- 人工智能三维仿真竞赛的类型及特点。
- 人工智能三维仿真竞赛的流程。

1.1 人工智能三维仿真竞赛的立意

随着科技的飞速发展和数字化时代的来临，人工智能已成为推动社会进步的重要力量。为了培养未来人工智能时代的科技型人才，人工智能三维仿真竞赛应运而生，这项竞赛不仅体现了科技与艺术的完美结合，也为学生提供了认知先进技术的窗口，无地域限制、纯线上的竞赛模式为实现更大规模的科技创新教育公平提供了强有力的抓手。这项竞赛在推进综合学科验证、促进教育公平化、加速竞赛与学科融合、保障竞赛安全可靠等方面发挥了重大作用，为我们的社会带来了实质性的影响。

1.1.1 推进综合学科验证

竞赛作为人工智能教学的有效手段，可以激发选手的学习兴趣和热情，提高其竞赛水平和团队协作能力，同时可以为选手提供一个交流和学习的平台，帮助选手增强竞争意识。设定的竞赛规则融合了面向中小学年龄段的学科知识，并将这些知识作为竞赛考查方向，如人工智能算法、机器人运动的原理、时间和速度及路程的关系、结构设置的稳定性等。选手在制作竞赛方案时会将其在学校中学习的知识与实践相互融合，从而完成方案的制作。

1.1.2 促进教育公平化

人工智能三维仿真软件打破了传统教育的时空限制，让选手可以随时随地参与竞赛。

人工智能三维仿真软件为选手提供了更加灵活的学习方式，使更多选手能够接触到优质的教育资源。即使偏远山区的选手也可以接触到与城市选手基本相同的教育资源，从而减少了教育不平等现象的出现，提高了选手学习的效率和自主性。将人工智能三维仿真软件与竞赛相结合可以提高竞赛效率、降低竞赛成本等。人工智能三维仿真软件有自动判分功能，可以规避由裁判主观评判导致错误的风险，为教育提供更加公平、灵活、有趣和智能化的支持，促进教育的普及和公平化。

1.1.3 加速竞赛与学科融合

竞赛考查点围绕中小学课标知识点制定，倾向于考查选手的编程逻辑及策略规划能力。在竞赛任务设计中涵盖学科中的知识点，例如数学、科学、信息技术、人工智能、物理等学科及跨学科的知识点，在不同年龄段的任务中进行了知识的分层，使考查的知识维度符合选手所在年龄段的认知需求，例如在部分小学组的竞赛任务中涉及数学学科的知识点，如时间和速度及路程之间的关系。在竞赛中，选手需要通过探索在固定功率下机器人行驶路程与时间的关系，从而引出“速度 × 时间=路程”这一公式。在初中、高中组的竞赛任务中还会涉及向量、算法等知识点。人工智能三维仿真竞赛通过实践的方式将学科知识点融入对竞赛技能的考查、评估和实际应用中，验证选手对特定学科知识点的掌握和应用能力。这种任务式的学习活动可提升选手集中注意力的能力，以及提前设定目标、创造无干扰环境、使用时间管理技巧、进行多任务处理等方面的能力，使选手通过积极思考、运用批判性思维进行逻辑推理并解决问题，提升分析能力。

1.1.4 保障竞赛安全可靠

青少年科技创新竞赛项目繁多，其中部分项目若操作不当易引发安全事故。针对潜在危险性较高的竞赛项目，采用虚拟仿真场景进行竞赛已成为一种高效且安全的替代方案。例如，在以往的传统穿越机飞行竞赛中，选手的误操作可能导致飞行器失控坠毁，若碰撞到人员，其后果将难以估量。

虚拟仿真技术的应用，则为解决这一问题提供了有力支持。通过构建高度逼真的模拟环境，该技术能够再现火灾现场、工业生产、农田喷灌、气象监测等多种复杂且危险的飞行场景，从而在确保竞赛安全的同时，进一步提升了竞赛的拓展性和趣味性。

1.2 人工智能三维仿真竞赛的类型及特点

人工智能三维仿真竞赛作为近年来的新兴赛事，正吸引着越来越多的科技爱好者和师生的参与。下面将详细介绍几种常见的人工智能三维仿真竞赛类型及特点。

人工智能三维仿真竞赛因不受器材及环境的影响，竞赛类型较为多样化，也能兼顾不同年龄段选手的特点及考查方向，从而让选手在参赛时有更多的选择空间。人工智能三维仿真竞赛大致可分为编程手动控制类竞赛、编程自动控制类竞赛、编程手动结合自动类竞赛、虚实结合类竞赛4类，接下来将逐一介绍这4类竞赛的特点。

一、编程手动控制类竞赛

该类竞赛的形式分为搭建机器人和非搭建机器人，要求选手通过编写手动控制类程序，操控机器人完成场景任务。该类竞赛的整体参与门槛较低，但竞赛任务及任务道具普遍较多，考查选手在固定时间内通过策略优化操控内容的能力，需要其在较短的时间内获得较高的任务分数。

二、编程自动控制类竞赛

该类竞赛的形式也分为搭建机器人和非搭建机器人，主要考查选手对编程逻辑的理解能力。该类竞赛的任务相对单一，但普遍较少，大多为重复性任务，考查选手的程序的稳定性及策略，需要选手在较短的时间内获得较高的任务分数。

三、编程手动结合自动类竞赛

该类竞赛结合了手动模式和自动模式。

在手动模式下，选手可以编写程序并使用键盘手动操控机器人完成指定任务。这要求选手具备良好的编程能力和逻辑思维能力，以便在手动模式下顺利运行程序。

在自动模式下，机器人需要根据预先设定的程序和指令自动完成一系列任务。这要求选手具备良好的算法和数据结构知识，以便编写出高效、稳定的自动控制程序和指令。

四、虚实结合类竞赛

该类竞赛分为两个环节，实物环节需要真实机器人完成任务，虚拟环节需要选手在人工智能三维仿真软件中完成任务。实物环节中的任务为编程手动控制类任务，虚拟环节中的任务为编程自动控制类任务。该类竞赛大多为团队赛，考查选手相互配合的能力。

1.3 人工智能三维仿真竞赛的竞赛须知

人工智能三维仿真竞赛的流程设计得既科学又高效，旨在充分展示选手的能力并促进人工智能技术的交流与发展。了解和熟悉竞赛的流程，对于合理安排参赛时间并进行有效备赛至关重要。

1.3.1 常规白名单竞赛时间

组委会不同，竞赛时间也会有差别，本书介绍的竞赛时间为常规白名单竞赛时间。组委会会在每年2~3月公示当年新竞赛赛项，3~6月进行选拔赛报名及竞赛，7~8月开始决赛。

1.3.2 竞赛的流程梳理

一、竞赛信息查询

选手需通过竞赛网站查询系统自行查询比赛账号、比赛密码、比赛时间、考场号、腾讯会议号等信息，如图1-1所示。查询系统在赛前由组委会提供。

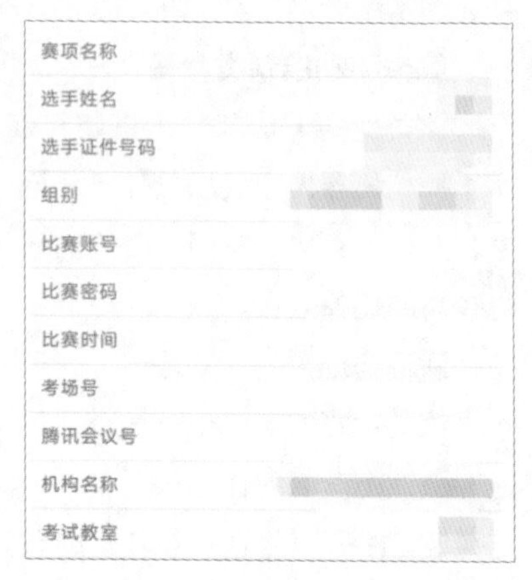

图1-1

二、赛前环境测试准备流程安排

在赛前准备时，选手需要详细阅读参赛手册，并自行完成赛前环境测试。赛前环境测试准备流程如下。

（1）检查软件版本。举例：选手使用的软件为3D One AI中望人工智能三维仿真软件“教育版　版本2.63”。检查方法：单击软件右上方的“?”，弹出的菜单如图1-2所示，选择“关于”。打开的对话框的内容显示软件版本为“教育版　版本2.63”，如图1-3所示。具体要求使用的软件版本以当年竞赛公示为准。

图1-2

图1-3

（2）如未安装软件，请登录青少年三维创意社区i3DOne，根据计算机系统配置情况选择32位或64位版本软件进行安装。具体操作方法请参考2.2节的内容。

（3）模拟使用比赛账号登录，并熟悉下载场景、打开场景、编写程序、保存场景、启动仿真、提交成绩、退出仿真等操作。

（4）了解切换比赛账号的方法。

①退出平常练习时使用的账号，如图1-4所示。

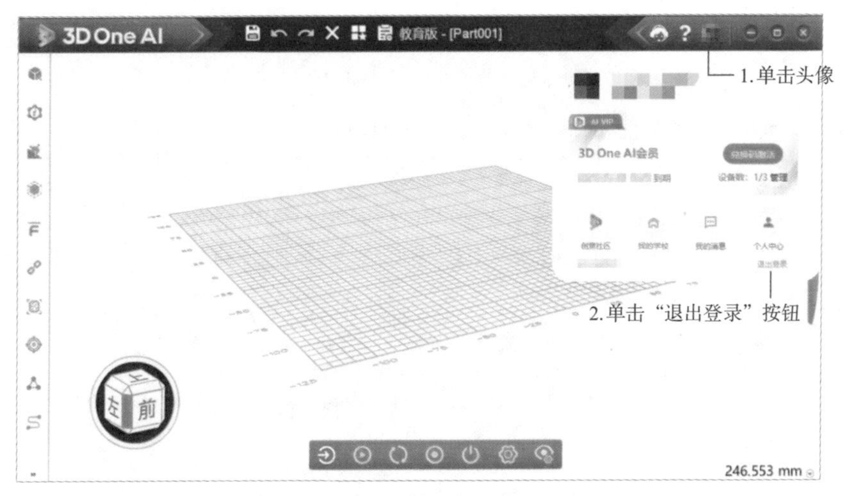

图 1-4

②使用比赛账号登录，如图 1-5 所示。

图 1-5

正式竞赛的流程如表 1-1 所示。

表1-1

事项	主要内容
进入会议室并准备监控设备（注：相关准备动作均由现场技术支持老师操作）	1. 选手按腾讯会议号进入指定腾讯会议室。 2. 布置好监控设备，调整好视角。 3. 检查声音情况，打开监控设备的扬声器。 4. 检查网络情况。 5. 准备好选手登录的账号信息
选手入场并检录	1. 选手进入考场并签到。 2. 监考老师开始检录，选手出示身份证件进行信息确认

续表

事项	主要内容
选手进行赛前准备	1.赛前准备：插上电源、打开计算机、使计算机联网。 2.检查监控环境（如有未调试好的监控设备，及时对其进行调整）。 3.选手打开3D One AI软件（检查软件版本是否是2.63版本），登录比赛账号
宣读纪律要求，选手下载竞赛场景	1.宣读纪律要求，并通知所有选手可以下载竞赛场景。 2.选手下载竞赛场景。 （1）赛前10min内竞赛场景将会发放到比赛账号中。如未查看到竞赛场景，可单击场景专区中的“刷新”按钮，刷新界面。 （2）比赛账号中只会有一个竞赛场景，如存在多个竞赛场景，选手可能使用了练习账号。 （3）获取竞赛场景后，单击“打开”按钮，即可下载竞赛场景。 （4）下载并打开竞赛场景后，在软件左上方会看到“3D One AI”字样。 （5）进入竞赛场景后，提交一次成绩，确保成绩提交过程顺畅。成绩提交成功后即可开始竞赛
进行竞赛	1.竞赛开始，选手须在90min内独立完成竞赛内容。 2.选手每次仿真后提交竞赛成绩。 3.选手每隔30min，保存一次竞赛场景。 4.竞赛过程中，单次仿真时间为300s，超过300s完成任务不会获得分数，但可以提交成绩。竞赛过程中可以多次提交成绩，后台自动保留得分高、用时短的成绩。 注：参赛选手在竞赛结束后10min内保存最终的竞赛场景。此时间段提交成绩无效
竞赛结束	竞赛结束，成绩提交通道关闭
竞赛问题处理	竞赛问题在赛后30min内处理，问题需要在腾讯会议室提出并且提问者未经许可不得离开会议室；如果擅自离开会议室，提出的问题自动失效

1.3.3 选手自备物料清单

选手自备物料清单如表1-2所示。

表1-2

序号	物料	数量	要求
1	身份证件	1	身份证、户口本或可证明身份的其他证件
2	笔记本电脑	1	选用2017年以后发售的带独立显卡的笔记本电脑，操作系统为Windows 10；支持OpenGL 3.2及以上，可联网，有鼠标、键盘和电源。 笔记本电脑推荐配置如下。 处理器：英特尔酷睿i5（2.2GHz或更高主频）及以上的处理器，或等效的AMD® 处理器。处理器发售日期应在2017年后。 显卡：支持OpenGL 3.2及以上的独立显卡，显存为2GB及以上。 内存：8GB及以上，虚拟内存为2GB及以上
3	竞赛软件	1	安装人工智能三维仿真软件3D One AI（2.63版本）

1.3.4 备赛常见问题、处理方法及注意事项

备赛常见问题、处理方法及注意事项如表1-3所示。

表1-3

序号	问题	处理方法及注意事项
1	账号登录异常	1.检查网络情况，重新连接。 2.检查输入的账号、密码是否正确，注意区分大小写、全角和半角
2	代码丢失	单击竞赛场景，按Ctrl+Alt+N键，弹出的窗口里面的文件内容就是每个时间点保存的代码。找到文件创建时间距离代码丢失时间最近并且文件大小最大的文件，双击该文件，将其导入
3	软件卡死	1.重启软件，重新登录账号。 2.在账号的历史文件中打开保存的竞赛场景。 3.如果保存的竞赛场景的时间间隔过大，可以用针对“代码丢失”问题的处理方法解决
4	仿真时弹框内容全是代码	编程错误，选手自己检查代码，他人不可协助
5	与规则相关的问题	选手独立解决这类问题，他人不可协助

02

第2章 3D One AI的功能及应用

本章要点

扫码看视频

- 3D One AI软件的下载、安装、登录（注册）及激活。
- 3D One AI操作界面的组成及基本功能。
- 3D One AI资源库。
- 打开地图及打开机器人模型的基本操作。

2.1 3D One AI介绍

人工智能三维仿真软件3D One AI操作界面如图2-1所示，该软件可以在虚拟环境下模拟实物的物理状态，允许选手通过编程来实现图像识别、语音识别等交互方式，进而实现人工智能的应用。该软件基于物理刚体运动与三维数据处理技术，模拟物理运动变量与物体属性，融合开源硬件、人工智能、编程等多学科实践，支持通过界面交互或编程控制物体的运动，并通过虚拟仿真助力多学科融合。

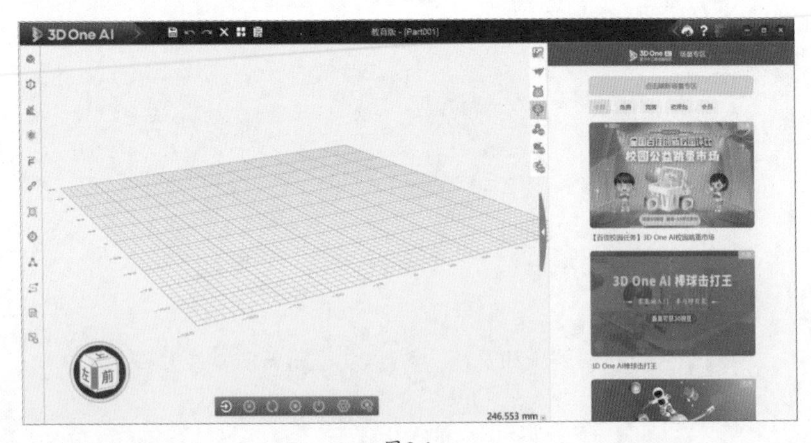

图2-1

此外，3D One AI支持进行动态的人工智能行为仿真操作以及输出三维动画。

人工智能三维仿真软件3D One AI涉及的部分竞赛活动如图2-2所示。

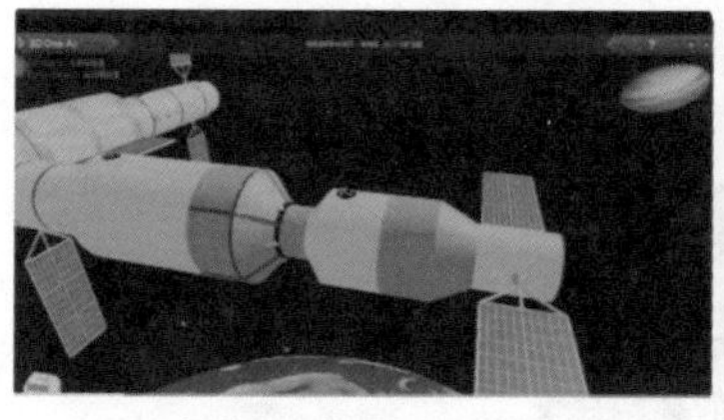

（a）筑梦天宫挑战赛

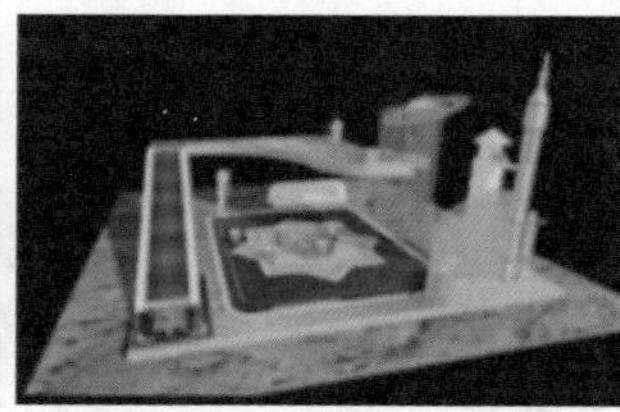

（b）星球资源运输挑战赛

（c）智能配送挑战赛

图2-2

2.2 软件下载、安装、登录（注册）及激活

首先需要下载和安装3D One AI软件，软件的下载与安装过程相对比较简单。

2.2.1 软件下载

3D One AI软件可从青少年三维创意社区i3DOne搜索并下载或从中望软件官方网站直接下载，如图2-3所示。

图2-3

2.2.2 软件安装

双击下载的安装文件进行解压和安装，如图2-4所示，安装进度条显示进度达到100%后，完成解压并进入安装界面。3D One AI人工智能三维仿真软件2.63版本的安装界面如图2-5所示。

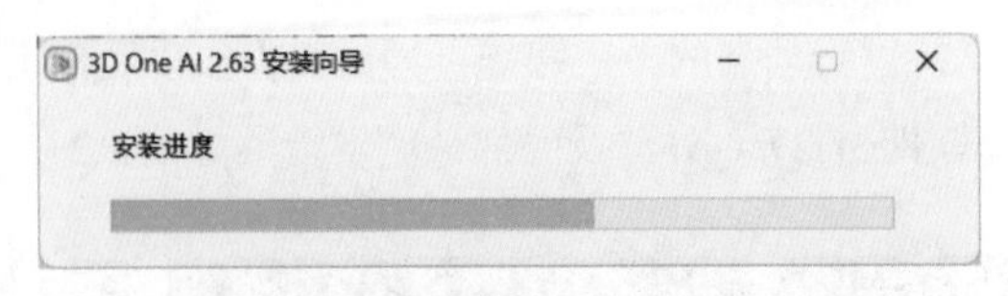

图 2-4

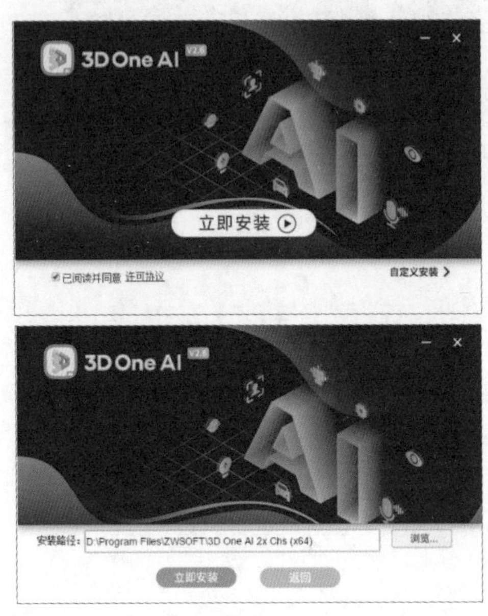

图 2-5

单击“立即安装”按钮，可将软件安装在默认的系统盘位置。如果需要更改安装位置，单击“自定义安装”按钮后通过浏览文件夹选择合适的安装位置。安装完成后桌面显示“中望3D One AI (x64)”快捷启动图标，如图2-6所示。

图 2-6

2.2.3 软件登录（注册）及激活

3D One AI软件的登录（注册）及激活步骤如下。

（1）双击桌面上的3D One AI快捷启动图标，启动3D One AI。

（2）首次使用3D One AI时需进行账号注册，注册成功后使用账号和密码登录，如图2-7所示。

图 2-7

（3）进入3D One AI操作界面，单击标题栏中的头像，显示用户卡片。然后单击“兑换码激活”按钮，在打开的对话框中输入兑换码并单击“立即激活”按钮，如图2-8所示。

图2-8

2.3 软件操作界面组成及基本功能

3D One AI软件功能全面，掌握其操作界面组成及基本功能是快速上手该软件的关键。选手通过深入了解这些基本要素，能够更有效地利用该软件进行设计和创作。

2.3.1 3D One AI软件操作界面组成

3D One AI软件操作界面主要由菜单栏、标题栏、工具栏、浮动工具栏、视图导航器、工作区、资源库七大部分组成，如图2-9所示。

- 菜单栏：单击界面左上角的 3D One AI 图标可打开菜单栏，通过菜单栏可进行的操作主要包含文件的新建、打开、保存、导入、导出等。
- 标题栏：位于界面顶端，包含保存、撤销、重做、删除、案例库、信息设置等快捷工具及文件名称。
- 工具栏：位于界面左侧，集成了基本编辑、边界设定、受力与速度、关节、电子模型、组操作、连线等常用工具及属性设置按钮。
- 浮动工具栏：可以实现的功能包含进入、启动、重置、退出仿真环境及视频录制等。
- 视图导航器：可以通过单击视图导航器调整视图。

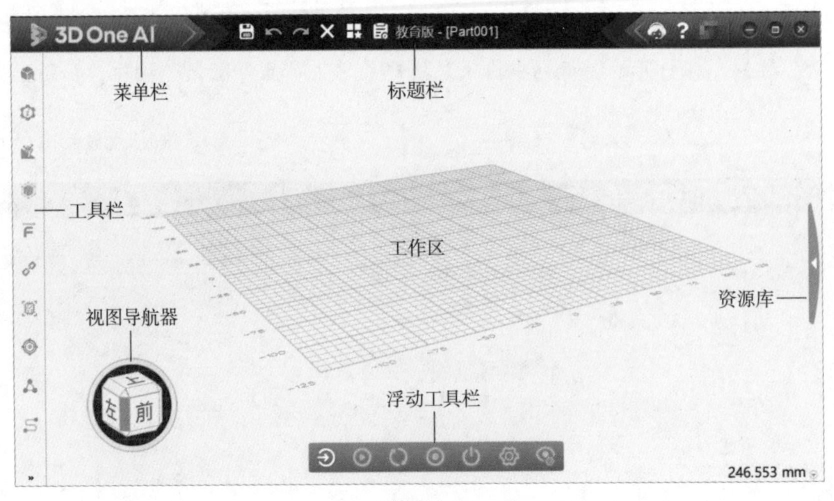

图 2-9

- 工作区：工作区是用户进行三维设计和模型操作的核心区域，旨在提供一个高效、直观的设计环境。
- 资源库：包含编程控制器、编程物体属性设置、编程建模、场景专区、模型库、社区管理、视觉样式等多个模块。

2.3.2 3D One AI软件基本功能

3D One AI是一款人工智能三维仿真软件，它提供了丰富的功能，旨在虚拟仿真环境下，通过编写程序控制场景中的物体运动，从而实现模拟真实环境的仿真效果。下面简要介绍3D One AI软件的基本功能。

一、基本编辑功能

3D One AI软件提供基本编辑功能，左侧工具栏包含如颜色、移动、自动吸附等多种编辑功能，满足用户在进行三维设计时的基础操作需求。

二、精确建模工具

3D One AI可以为设计好的模型配置物理属性，从而为模型赋予仿真效果。

三、实时预览与渲染

3D One AI提供仿真预览功能，用户可以根据计算机的配置及个人需求，在软件中设置仿真的质量，从而改变仿真过程中的显示效果。

四、教育与培训资源

为帮助新用户快速上手，3D One AI提供丰富教程和指导资料。社区论坛也为用户体验交流和技术支持提供平台。

2.4 资源库及软件基本操作

在掌握了3D One AI软件操作界面组成和基本功能的基础上，读者需要不断进阶学习。首先要了解3D One AI软件资源库，然后熟悉软件基本操作，这样可以让读者的学习达到事半功倍的效果。

2.4.1 3D One AI资源库

打开3D One AI后，单击“资源库”按钮，可以随时显示/隐藏资源库，如图2-10所示。

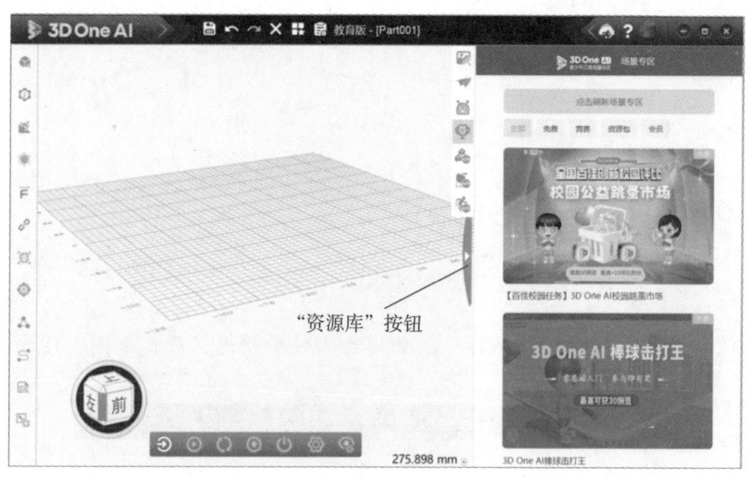

图2-10

3D One AI的资源库是一个丰富且多样的集合，它为用户提供了多种学习和创作所需的资源。3D One AI资源库主要有以下特点。

• 内容丰富：3D One AI资源库包含丰富的模型、场景、案例和视频资源，这些资源都是为了满足用户在三维仿真、人工智能学习、机器人编程等多个领域的需求。

• 适配广泛：资源库的内容不仅高度匹配K12人工智能课程教材，还涵盖力学、数学、语音交互、智能感知、Python编程等多个知识领域，适用于不同年龄段和具有不同学科基础的用户。

• 高度交互：资源库中的资源支持高度的交互性，如虚拟电子硬件、机器人编程等，让用户能够在模拟的环境与时间系统中进行多视觉多感官的沉浸式体验。

• 定制性强：用户可以根据需要，利用资源库中的参数化配置进行再创造，强化自己的再创造意识。

• 快速学习：通过资源库中的入门课程和推荐案例（如智慧城市案例），用户可以快速掌握3D One AI软件的操作和应用，为深入学习和创作打下坚实基础。

总的来说，3D One AI的资源库是一个集学习、创作、交流于一体的综合性平台，为用户提供了丰富的资源和强大的支持，帮助用户更好地理解和应用三维仿真和人工智能技术。

2.4.2 3D One AI基本操作

一、文件操作

（1）通过菜单栏进行文件的新建、打开与保存操作，如图2-11所示。

图2-11

（2）通过标题栏上的“文件保存”按钮进行文件的快速保存，如图2-12所示。

图2-12

（3）选择保存文件的位置和设置文件名，首次保存时以“另存为”形式进行保存，如图2-13所示。

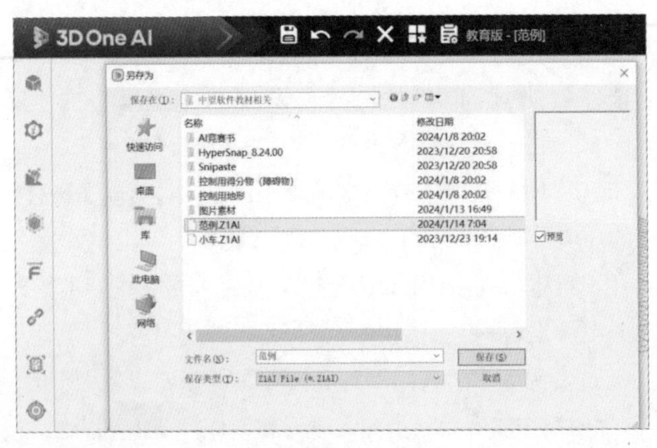

图2-13

二、打开场景

打开场景共3个步骤。

（1）在菜单栏中选择“打开”。

（2）在弹出的“打开”对话框中找到场景的保存位置，选中相应场景文件。

（3）单击“打开”按钮，打开场景文件，如图2-14所示。

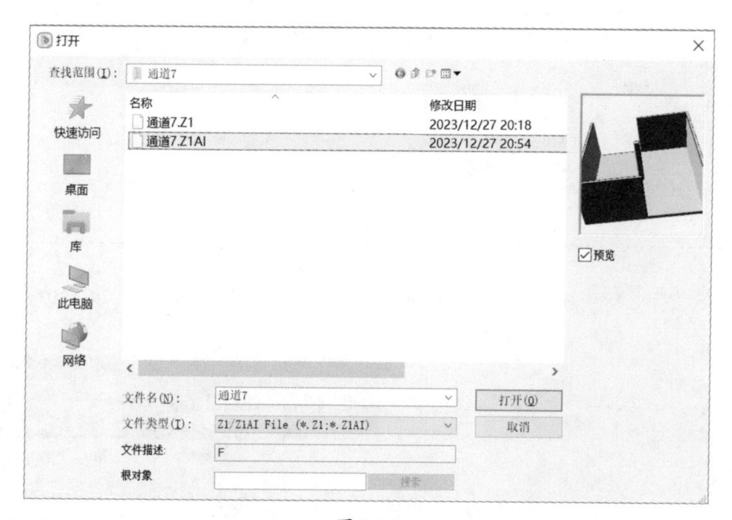

图2-14

三、打开机器人模型

打开机器人模型共3个步骤。

（1）在菜单栏中选择“打开”，如图2-15所示。

图2-15

（2）在弹出的“打开”对话框中选择相应的文件后单击“打开”按钮，如图2-16所示。

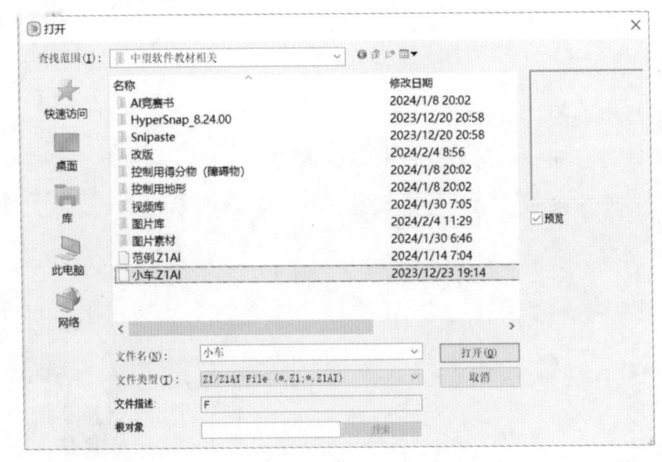

图2-16

（3）显示机器人模型及相应编程控制器，如图2-17所示。

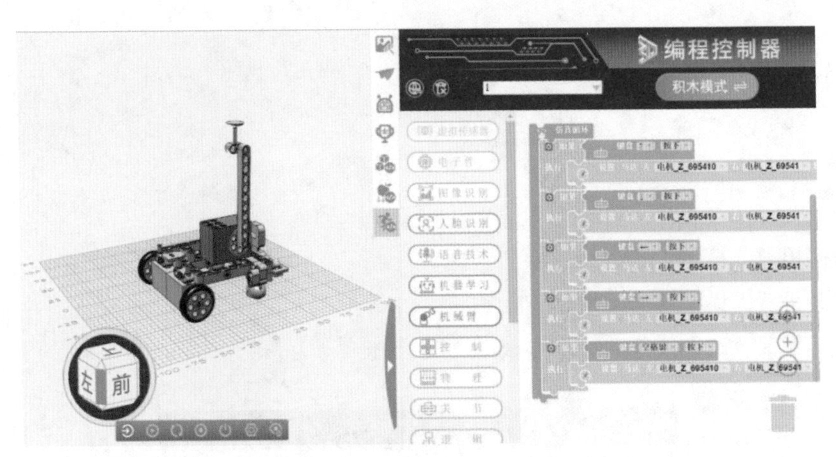

图2-17

2.5 软件安装基本配置要求及操作优化技巧

“工欲善其事，必先利其器”，要让3D One AI软件发挥最好的作用，首先要了解软件安装基本配置要求及操作优化技巧，具备运行软件的基本条件，然后通过软件辅助进行虚拟仿真及作品呈现。

2.5.1 3D One AI安装基本配置要求

3D One AI软件具备强大的三维数据处理能力，对计算机硬件环境的要求较高。软件安装基本配置要求参见表1-2。

2.5.2 3D One AI操作优化技巧

一、鼠标功能和键盘快捷键操作

常用的三键鼠标如图2-18所示。

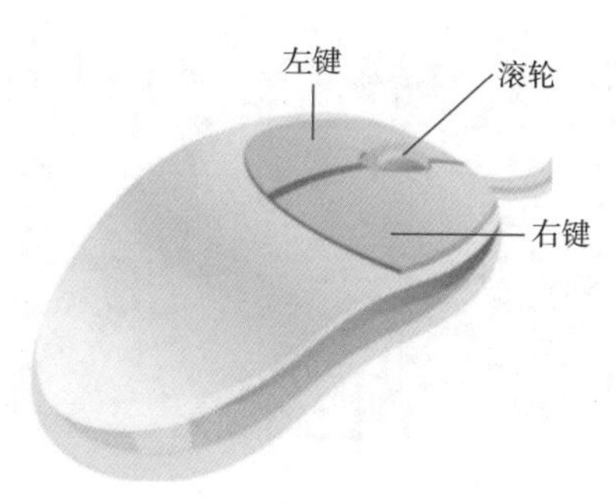

图2-18

（1）鼠标左键功能如下。

①单击：打开菜单或选择工具、模型。

②按住：框选多个模型。

（2）鼠标滚轮功能如下。

①滚动：放大或缩小工作区。

②按住：移动工作区。

（3）鼠标右键功能如下。

①单击：更改工作区网格线颜色。

②按住：转换工作区视角。

键盘快捷键操作：按Ctrl+方向键进行视图切换和调整。

二、清空缓存方法

（1）按Windows+R键，打开“运行”对话框，如图2-19所示。

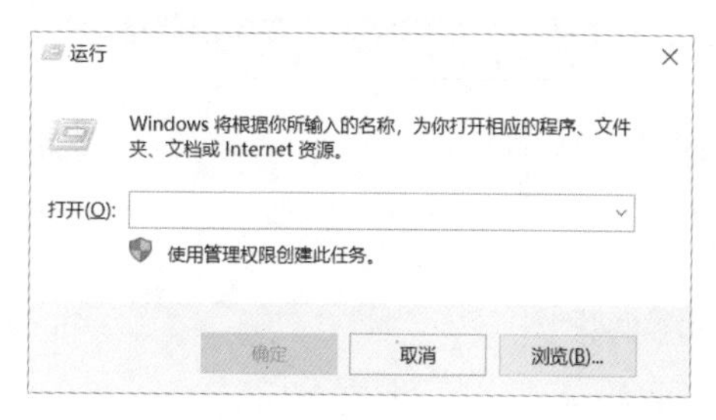

图2-19

（2）在“打开”文本框中输入“%appdata%”，单击“确定”按钮。

（3）在弹出的窗口中选择“3D One AI 2x Chs (x64)”文件夹，如图2-20所示，将该文件夹删除。

图2-20

03

第3章 3D One AI中机器人的设置与编程

本章要点

- 3D One AI中机器人的设置。
- 3D One AI编程模式。
- 3D One AI常用电子件。

3.1 探索3D One AI中机器人的设置与编程模式

要在3D One AI中构建个性化机器人，关键在于对零件、场景及程序3个方面的设置或设计。

3.1.1 3D One AI中的零件设置

在3D One AI中可以设置零件的类型，例如常用的机器人梁类结构、销、电子件等。在构建过程中可以通过关键点吸附的方式进行零件的自动装配，快速实现机器人的构建。本书中为了方便应用，将不介绍开放零件库，改为提供参考机器人模型，在后续的章节中我们可通过参考机器人在设定好的场景中完成任务。

在3D One AI中的机器人会设有关节属性，在仿真时可实现如合页关节、球关节等关节的运动方式，最终实现与实际相符的虚拟机器人成品造型。

在3D One AI中会包含与实际相符的电子件的属性，可通过编程直接调用包括触碰传感器、光线传感器、距离传感器、力传感器、虚拟摄像头、循迹传感器、颜色传感器等各类常用电子件的属性。3D One AI支持对各种传感器进行名称的自定义，便于编程时直接选定，如图3-1和图3-2所示。

传感器对仿真场景内的环境进行感知并回传相应数据，选手通过编程调用相应数据，实现传感器与其他元件的协同运作。

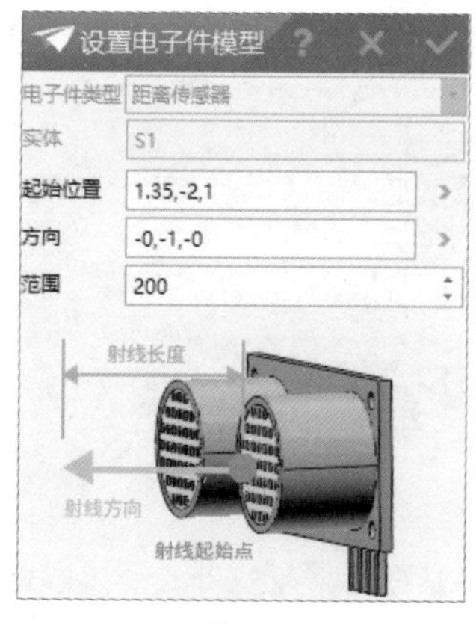

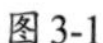
图 3-1

图 3-2

所有电子件的属性将根据实际传感器及竞赛要求进行设置，在本书提供的模型及场景中，自定义模式将不会开放。

3.1.2　场景设置

3D One AI中包含的场景模拟仿真功能，可对场景的整个环境进行全局属性设置，对场景中的物体进行物体属性设置，以实现对物体在物理环境下的运动及物体间运动的模拟。这些属性包括重力、碰撞修正系数、线速度阻尼、角速度阻尼、材料、质量、摩擦系数、弹性系数等，如图3-3和图3-4所示。在本书中为了方便应用，这些属性已锁定，不支持修改。

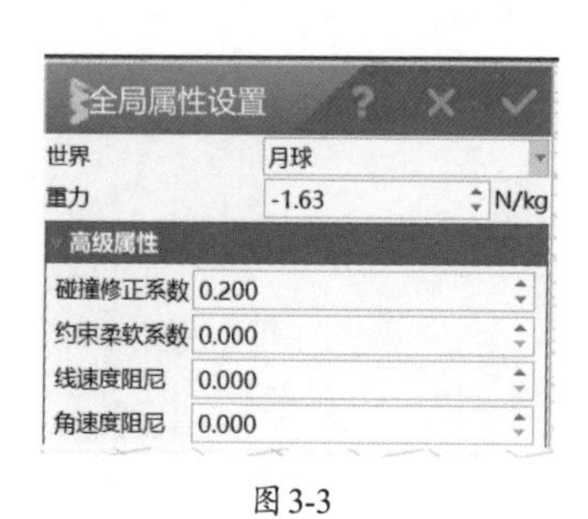

图 3-3

图 3-4

3.1.3　程序设计

3D One AI中的编程模式有积木模式和Python模式两种，如图3-5和图3-6所示。通过积木模式进行程序的编写，切换到Python模式下可以查看编写好的语句，便于处于不同学习阶段的读者学习和使用。

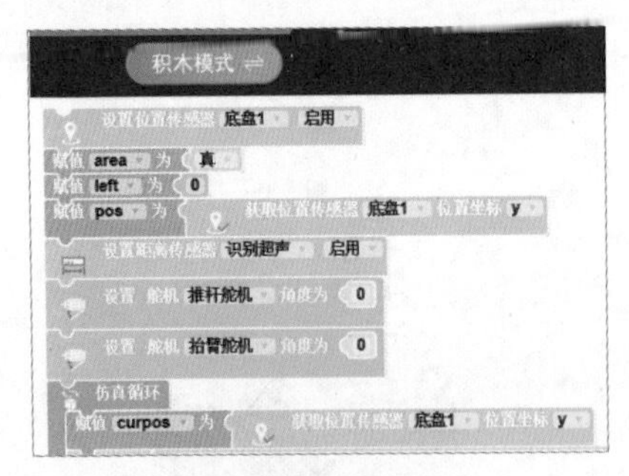

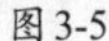

图 3-5

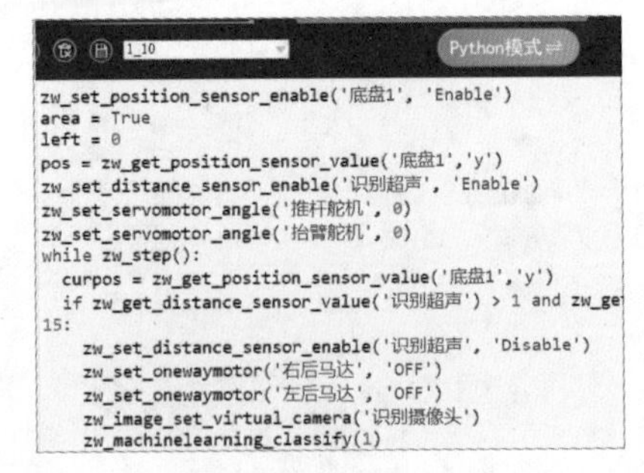

图 3-6

在3D One AI的积木模式中，除可以调用执行器、传感器等模块外，还可以调用函数、变量、逻辑、循环、数学等模块。通过对多模块的调用，实现对复杂程序及智能程序的编写，如图3-7所示。

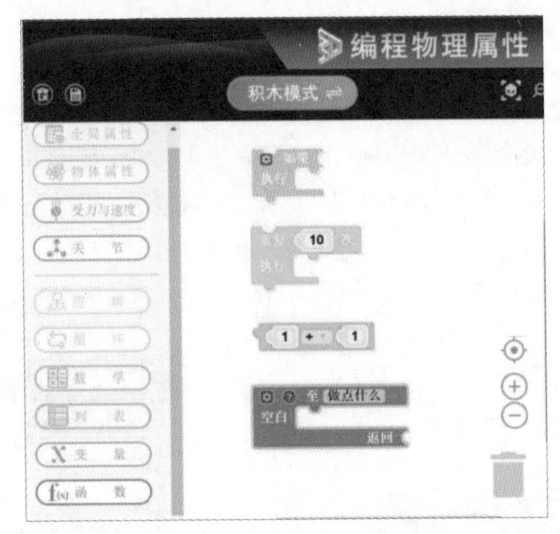

图 3-7

3.2 走进虚拟仿真机器人的世界

如果想设计一个心仪的虚拟仿真机器人，首先要了解虚拟仿真机器人的功能。

3.2.1 了解虚拟仿真机器人的功能

机器人具备运动、避障、定位、图像识别、循迹和吸取物品等功能。机器人在结构上分为底盘和上部机构两部分。底盘采用后轮驱动，其中的主要电子件包括马达（电机）、摄像头、位置传感器、超声波传感器和灰度传感器。上部机构中的主要电子件包括伺服电机和真空吸盘。

本书介绍的参考机器人如图3-8所示，该机器人适用于学习和训练。

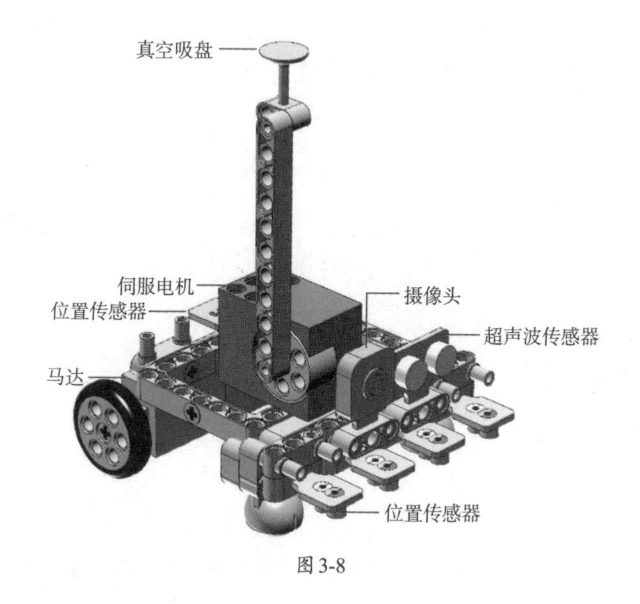

图3-8

3.2.2 常用电子件介绍

接下来依次介绍各个电子件的功能及其应用的编程模块。

一、如何控制机器人运动

在3D One AI中，马达和伺服电机都可以为机器人提供动力。

（1）马达。马达通常作为机器人的主要动力源，为机器人的移动提供动力。

马达通过接收控制信号，模拟真实的马达转动转速，为机器人提供动态的移动能力，如图3-9所示。

（2）伺服电机。伺服电机是一种位置伺服的驱动器，常用于机器人的关节驱动或者执行器的驱动。伺服电机通常用于精确控制机器人的姿态或执行器的位置。

伺服电机能够模拟实际的转动效果，使机器人的关节或执行器能够按照预期的转速进行运动，如图3-10所示。

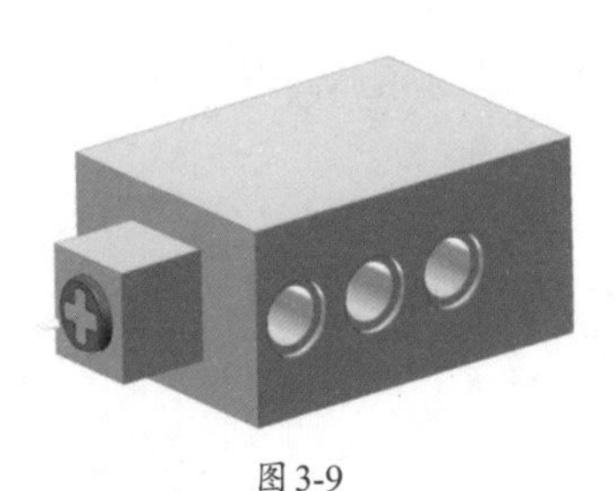

图3-9

图3-10

通过在3D One AI中模拟马达和伺服电机的运动，可以测试和验证机器人的运动性能、控制算法以及执行各种任务的可行性。这种模拟方法有助于降低实际制造和测试的成本，提高开发效率，并为机器人的进一步优化设计提供依据。

在编程控制器中，需要选择适当的编程模块来为马达或伺服电机进行编程，如图3-11所示。在编程模块中有两种不同类型的马达模块。

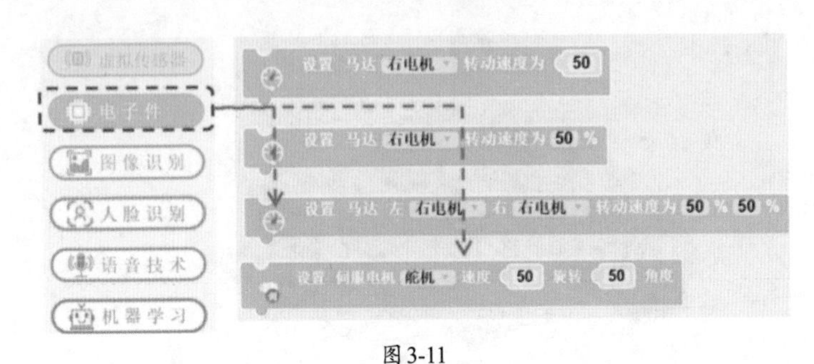

图3-11

（1）不含%的马达模块。如果希望两个马达同时向前运动，需要将左侧马达的转动速度设置为正值，而右侧马达的转动速度设置为负值。

反之，如果希望两个马达同时向后运动，则应将右侧马达的转动速度设置为正值，而左侧马达的转动速度设置为负值，如图3-12所示。

（2）含有%的马达模块。在含有%的马达模块中，转动速度为正值通常表示向前运动，转动速度为负值通常表示向后运动。

当需要使左右两个马达向前运动时，应将两个马达的转动速度均设置为正值，如图3-13所示。同理，如果希望左右两个马达向后运动，则应将两个马达的转动速度均设置为负值。

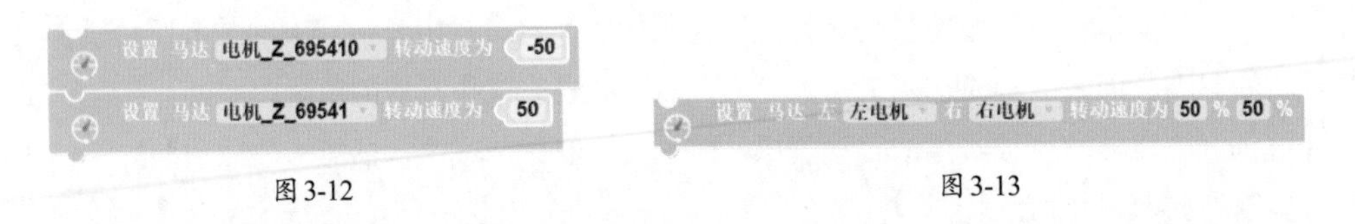

图3-12 图3-13

这样的设置方式有助于根据不同的需求和场景精确控制马达的运动方向和速度。

对于伺服电机模块，在速度栏可以填写0～100的数值，数值越高表示速度越快。在角度栏则可以填写所需旋转的角度，如图3-14所示。

图3-14

二、真空吸盘的应用

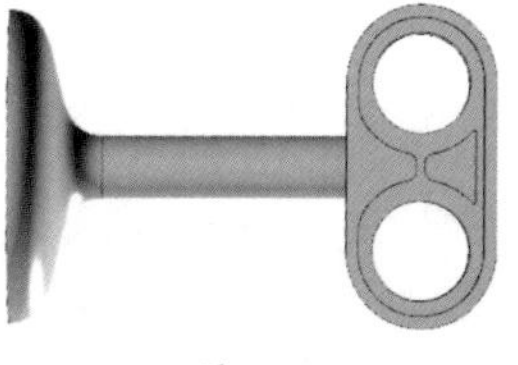
图3-15

机器人的上部机构还可以配备真空吸盘。通过真空吸盘，机器人能够吸取物品，并通过其运动将物品放置在指定的位置。这种设计增强了机器人的灵活性和功能多样性，使其能够在各种环境中有效地完成复杂的任务，如图3-15所示。

在编程模块中找到“电子件”，并在其中选择真空吸盘，真空吸盘可被设置为“开启”或“关闭”两种状态，如图3-16所示。

三、机器人的识别和检测装置——摄像头

在参考机器人中设置了摄像头，机器人可通过摄像头完成各类识别和检测任务，如图3-17所示。

图3-16　　图3-17

在编程环境中，有“图像识别”和“机器学习”这两个模块。这两个模块具备多种功能，如图片检测、文字识别、颜色检测、条形码识别、二维码解析、图像循路，以及置信度识别等。

在机器学习模块中，为了实现精准的图片检测及置信度识别，需要准备各种类型的图片，并对这些不同类型的图片进行训练和分类。以下是机器学习模块的示例，如图3-18所示。

在图像识别模块中，有几种常用的编程模块，例如摄像头启动模块，如图3-19所示。该模块通过编写程序进行仿真，选手可以在软件右下角实时获取仿真环境中的虚拟摄像头的第一人称视角，直观了解并观测场景中的各部分实际情况，如图3-20所示。

图3-18　　图3-19

在图像识别模块中，除了摄像头启动模块，还有其他编程模块。例如，“启动 条码识别”模块可以实时监测条形码信息，并将信息反馈至软件左上角。同时，“启动 图像循

路”和“图像循路方向”模块可以检测道路实现自动循路。此外，“识别结果 包含”模块可以检测图片或二维码、条形码信息，并在检测到指定信息时执行相应的条件判断，如图3-21所示。这些模块的具体功能将在本书后面的内容中详细介绍，在此不赘述。

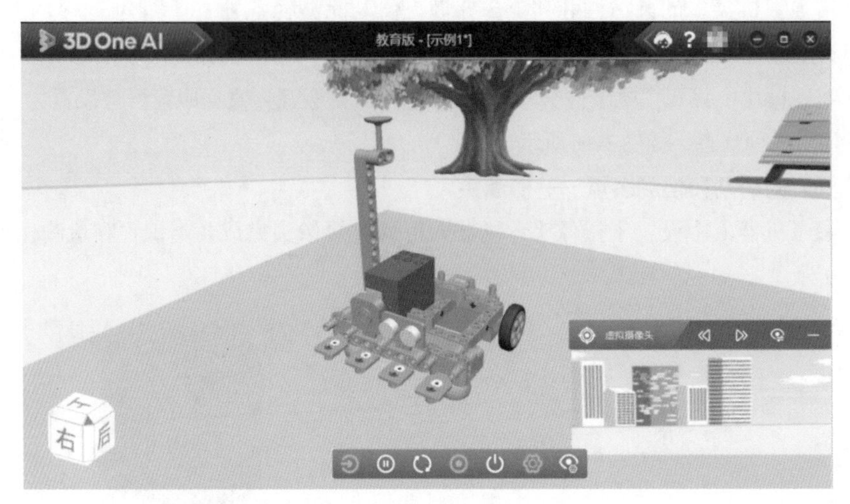

图3-20

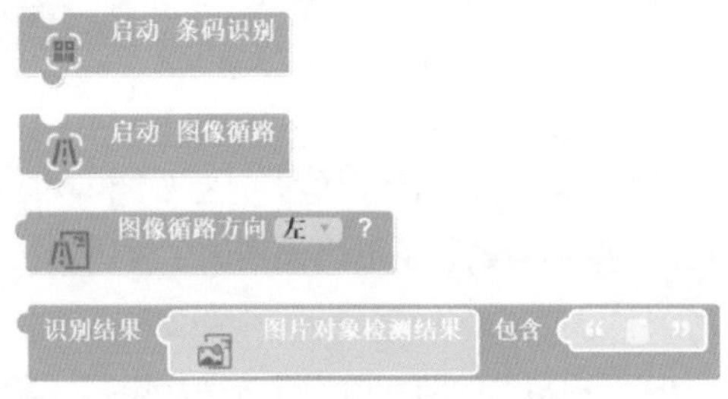

图3-21

四、机器人的常见传感器

机器人的传感器种类繁多，本书提供的参考机器人中共涉及3类传感器，分别为灰度传感器、位置传感器及超声波传感器。

（1）灰度传感器：灰度传感器用于检测光的强度，可用于机器人循迹，如图3-22所示。

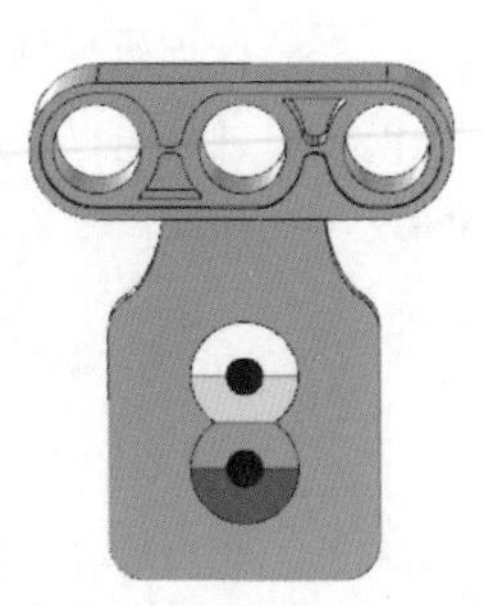

图3-22

在编程环境中，灰度传感器包含两个核心模块：一是“设置灰度传感器”模块，此模块用于“启用”或“关闭”该传感器；二是灰度传感器位置及颜色检测模块，此模块允许用户设置传感器的检测位置，通常有“左边”“右边”“全部”“没有”4种选择，如图3-23所示。

（2）位置传感器：位置传感器用于检测场景中的坐标位置，如图3-24所示。场景分为4个象限，右上角象限中的坐标格式为$(+x, +y)$、左上角象限中的坐标格式为$(-x, +y)$、左下角象限中的坐标格式为$(-x, -y)$、右下角象限中的坐标格式为$(+x, -y)$，可在软件中通过距离测量功能检测机器人所在的位置，如图3-25所示。

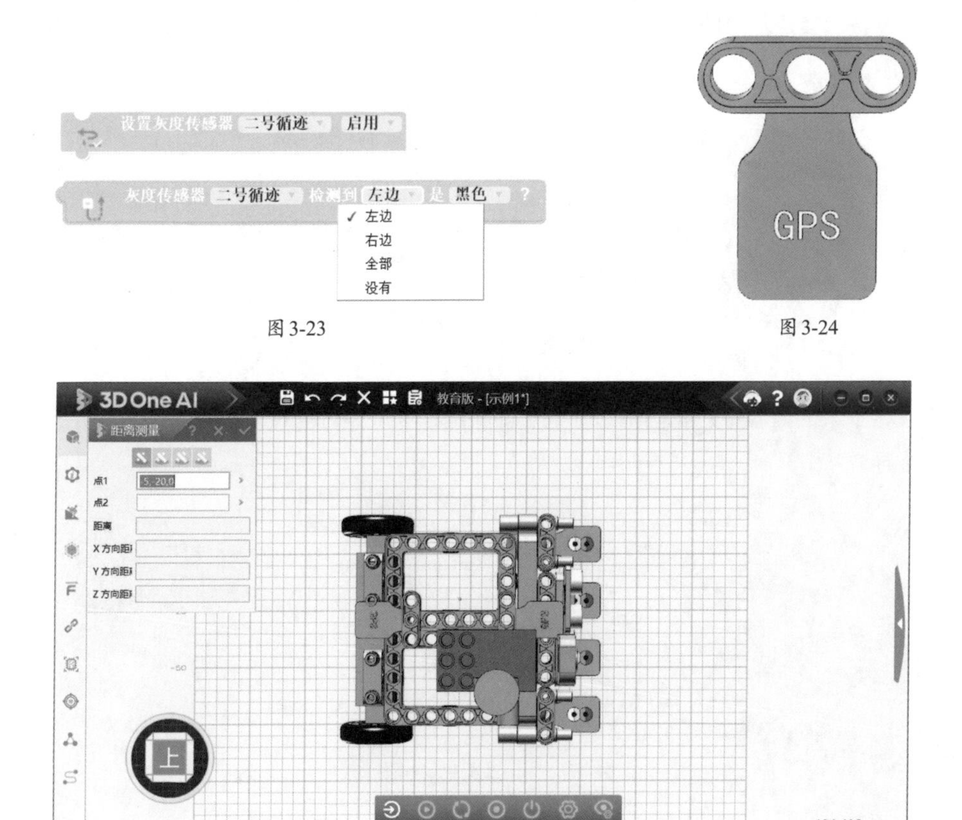

图3-23

图3-24

图3-25

在编程环境中，位置传感器主要包含两个核心模块：一是启用位置传感器模块，用于启用设备；二是获取位置传感器位置坐标模块，可以设定检测的坐标轴，坐标轴通常选择“x”轴或“y”轴，如图3-26所示。

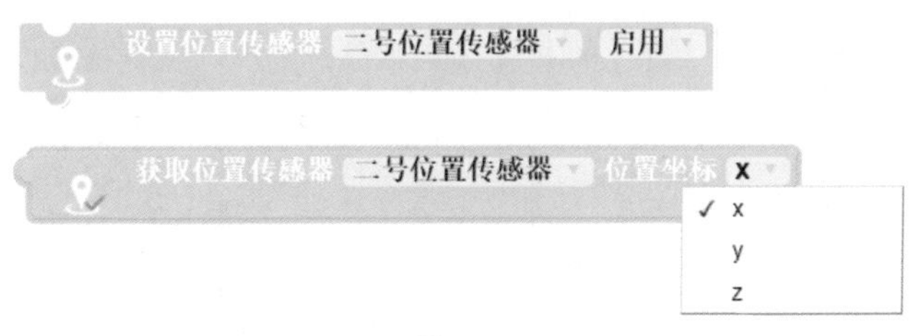

图3-26

（3）超声波传感器：超声波传感器能够将超声波信号转换成其他能量信号，它可以用于检测物体的位置、距离、形状等信息，常用于如机器人、自动化生产线、物流系统等领域。在本书中，超声波传感器用于测量机器人与被测物体之间的距离，如图3-27所示。

在编程环境中，超声波传感器主要包含两个核心模块：一是启用距离传感器模块，用于启用设备；二是获取距离传感器测量距离模块，此模块通常配合逻辑模块一起使用，如图3-28所示。

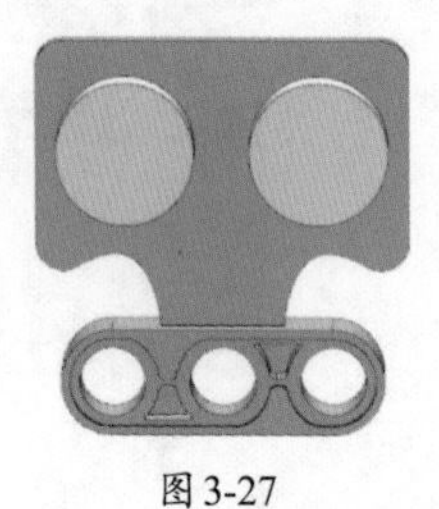

图3-27

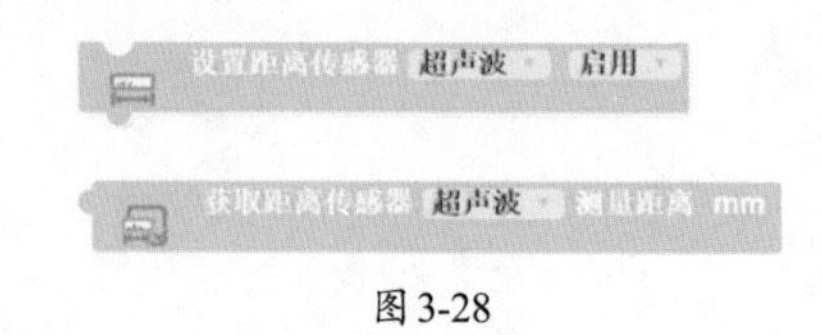

图3-28

在接下来的内容中，我们将结合电子件和编程深入探讨竞赛中常见的任务，并提供详细的指导。

04

第4章 机器人控制设计

本章要点

- 部分电子件模块的使用方法。
- 函数模块的使用方法。

4.1 机器人控制设计——自动控制

在深入掌握了机器人的基础构造后，我们接下来将聚焦于对机器人自动控制的实施和研究。这对于精确控制与调整机器人行为至关重要。选手通过编写程序自动控制机器人，从而能够使机器人在多样化的环境中完成任务，达到高效率和高精确度的操作标准。

4.1.1 探究机器人运动原理

真实机器人普遍具备自主运动的功能，虚拟仿真机器人同样也不例外。那么，添加哪些指令能够控制车轮转动，使虚拟仿真机器人能模拟真实机器人在不同的方向上运动呢？接下来我们将对此进行深入的分析。

经过仔细观察，机器人的底盘有普通橡胶轮和万向轮两组车轮。这两组车轮在设计和功能上是否存在差异？它们又是如何实现转动动作的呢？为了使读者更清晰地了解这些细节，本书提供了机器人的右视图，如图4-1所示，以便更好地对车轮进行分析和研究。

虚拟仿真机器人的后轮为普通橡胶轮，如图4-2所示。

普通橡胶轮的实际应用广泛，两轮差速驱动机器人、四轮驱动机器人均采用该类车轮。普通橡胶轮的表面花纹复杂，可以有效增大摩擦系数，具有较强的抓地力，且材质具有一定弹性，具备一定抗震功能，轮胎直径较大，越障性能较好。但普通橡胶轮的运动方向为其外圆切线方向，并不能横向运动，适用于室内外的大部分地形，且适用于速度变化范围大（从高速到低速）的场景。

虚拟仿真机器人的前轮为万向轮，如图4-3所示。

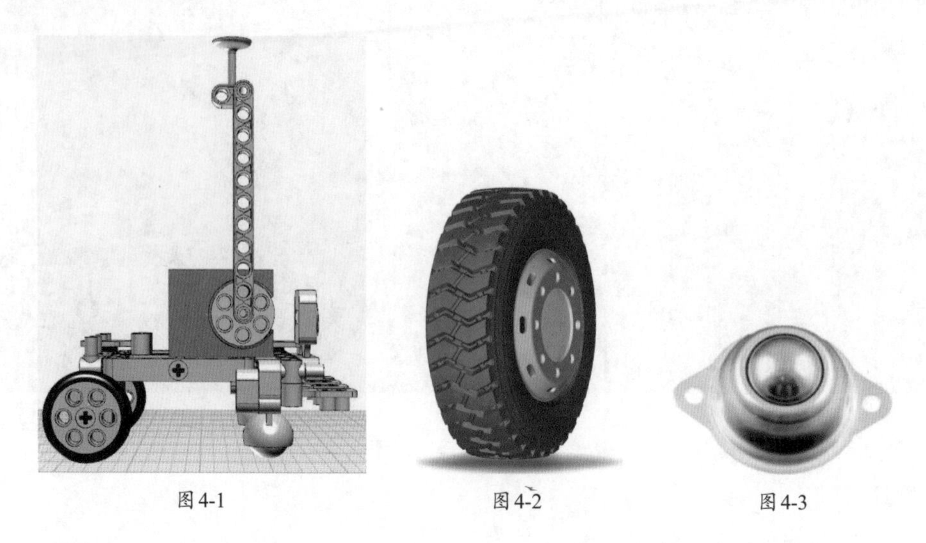

图4-1　　图4-2　　图4-3

万向轮通常作为从动轮使用，其主要功能在于通过滚动来减少运动过程中的摩擦，并为设备提供稳定的支撑。其显著优点在于能够向任意方向灵活运动。

本书所提供的参考机器人（简称机器人）采用滚珠万向轮，其运动主要依赖于内置于轮壳中的滚珠。这些滚珠的形状为标准球体形状，使其能够向任意方向自由滚动，从而实现"万向"的转动效果。此外，滚珠万向轮的设计也有助于降低机器人的底盘高度。

经过对两组车轮的细致观察，我们可以清晰地认识到，机器人的后轮负责驱动前轮，后轮的转动则是由两侧的马达所提供的动力驱动的。

4.1.2　认识自动控制运动相关模块

对于生活中的玩具遥控车，通过摇杆操作可实现多方向运动。在仿真环境中，机器人虽同样具备向前、向后、向左、向右运动的功能，但需提前进行编程设置。现在我们将探索如何通过编程实现机器人的自动控制运动，并深入了解与此相关的自动控制模块。

一、认识马达模块

马达模块位于编程模块的绿色"电子件"模块内。打开"电子件"模块后，将看到控制马达的模块共有4个，具体包括：马达启动与停止转动模块、马达转动速度设置模块、马达转动比例设置模块以及左右两侧马达转动比例设置模块。

鉴于机器人现有两个马达，且位于左右两侧，因此选择第4个模块，即左右两侧马达转动比例设置模块，以实现同时控制两个马达的转动速度。

在马达模块右侧的下拉列表中，可以选定具体的马达。被选中的马达在模型上会以高亮形式显示。转动速度可以通过输入-100～100的数值进行调整，数值越大，马达的转动速度越快。

此外，还可以设置马达的转动比例。请注意，马达的转动比例设置模块与转动速度设置模块在功能上存在区别。转动比例的正负值分别代表马达的正转与反转。例如，当右侧马达的转动比例被设置为100%时，表示右侧马达将以最快速度正转。设置转动速度时，当左侧马达对应的数值为正时，左侧马达正转；当右侧马达对应的数值为正时，右侧马达正转。反之，若左侧马达对应的数值为负，则左侧马达反转；若右侧马达对应的数值为负，则右侧马达反转，如图4-4所示。

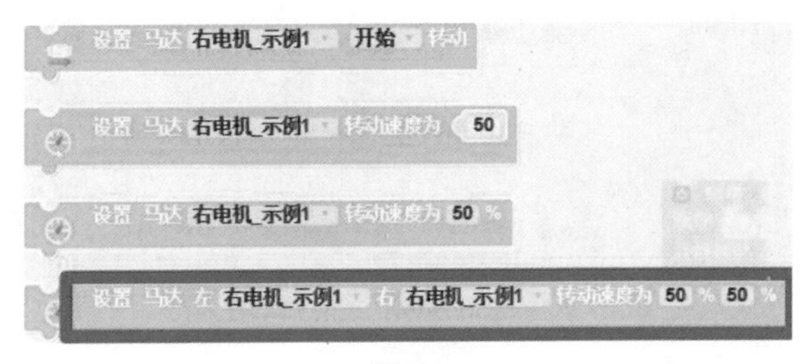

图4-4

二、认识延时模块

马达模块具备对机器人的行进与停止进行精确控制的能力。若需对机器人行进的距离进行精细调控，可借助延时模块实现。延时模块位于编程模块的红色“控制”模块内。

打开“控制”模块，寻找“等待0秒”延时模块。通过调整该模块内的数值，可实现对延时时间的灵活设定，进而精细调控机器人行进的距离。延时模块如图4-5所示。

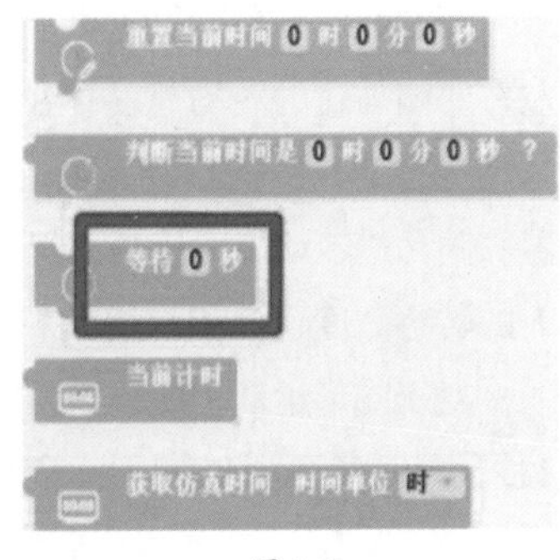

图4-5

4.1.3　自动控制机器人编程

如何让机器人通过自动控制实现一些类似前进、后退的基础性任务呢?

打开“地形通道1”场景文件，如图4-6所示，通过编程让机器人实现自动控制。

图4-6

一、前进与后退

完成“编程自动控制机器人前进3s，后退3s回到出发点”任务，首先需要编程控制两个马达正向转动，然后利用延时模块等待3s，再让马达反向转动，之后利用延时模块等待3s，最后控制两个马达停止。注意，先将左右两侧马达设置正确再进行相关编程。参考程序如图4-7所示。

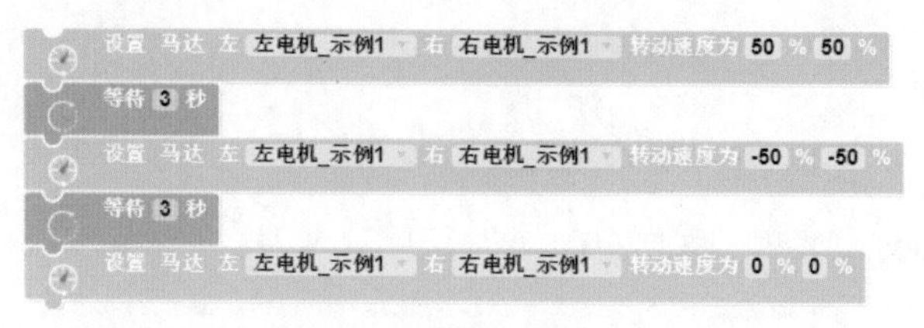

图4-7

二、蛇形运动

当左右两侧马达的转动速度相同时，机器人将实现沿直线前进或沿直线后退的运动。若左右两侧马达的转动速度存在差异，利用这种速度差异，机器人便能够沿弧线运动。

当左侧马达的转动速度高于右侧马达的转动速度时，机器人将向右前方前进；反之，若右侧马达转动速度较高，机器人则会向左前方前进。随着马达间的速度差异增大，机器人的转弯角度也会相应增大。

对于蛇形运动，即机器人先向左前方前进1秒，随后向左前方前进一秒，向右前方前进2秒，再向左前方前进1秒，随后向前方行进1秒后停止。参考程序如图4-8所示。

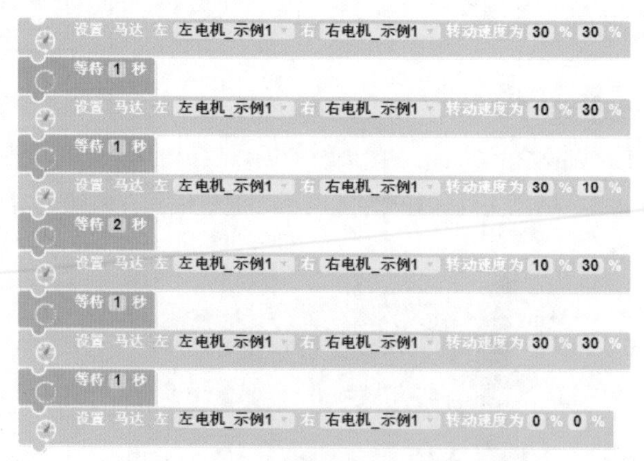

图4-8

三、原地左转与原地右转

在完成任务的过程中，马达差速转动虽然能够实现转向功能，但有时可能因路径偏离而无法满足要求。此时，需采取原地直角转弯策略，即实现机器人在原地完成90°转弯。根据转弯方向，需要精确控制马达转动：若为左转，右侧马达应保持正转状态，左侧马达则应保持反转状态；相反，若为右转，左侧马达正转，右侧马达则反转。

注意：实际应用中，由于使用模块的差异，编写的程序也会有所不同。参考程序如图4-9所示。在设置马达转动参数时，若遵循前文提及的转动比例，左右两侧马达的转动比例应设置为正负相反；若遵循前文提及的转动速度，则左右两侧马达的转动速度应同正或同负。

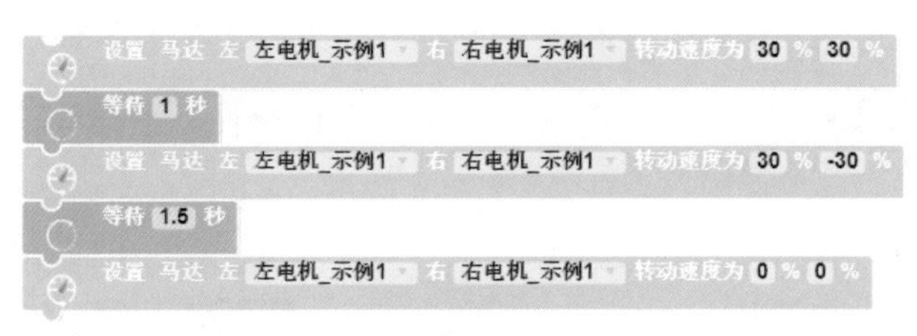

图4-9

4.2 机器人控制设计——手动控制

自动控制机器人已经初步完成，对于3D One AI的虚拟仿真机器人还可以进行手动控制。这又是如何做到的呢？

4.2.1 手动控制机器人

真实机器人通过遥控器进行控制，对于虚拟仿真机器人要用键盘控制马达驱动车轮从而使其运动。键盘的按键对应的功能取决于前期设置的程序，设置键位时需要注意什么呢？下文会详细讲解相关内容。机器人俯视图如图4-10所示。

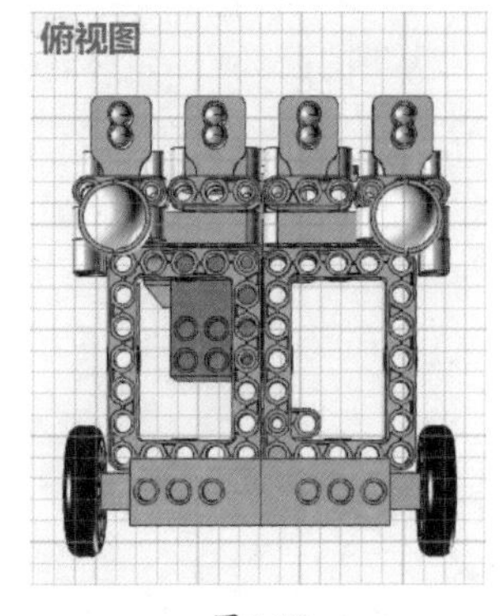

图4-10

为了确保键位设置的便捷性和操作舒适性，建议根据个人操作习惯来调整按键布局。

常见按键的功能设置如表4-1所示。

表4-1

按键	功能设置	按键	功能设置
W	向前进	Q	向前左转
S	向后退	E	向前右转
A	直角左转	Z	向后左转
D	直角右转	C	向后右转
空格	停止		

注：表中字母代表计算机键盘中的按键名称，软件中的按键名称一般为小写字母，注意二者的区别。

4.2.2 认识手动控制运动相关模块

为实现通过键盘按键控制机器人的各项功能，包括车轮运动和机械臂操作，必须预先对机器人进行编程设置。

我们将通过编程手动控制机器人的运动。按照以下流程进行操作：首先，单击操作界面右侧的“资源库”按钮；随后，选择“编程设置控制器”，以打开编程界面。

一、认识“仿真循环”模块

在编程的起始阶段，屏幕中央会显示一个名为“仿真循环”的核心模块，如图4-11所示。这个模块表示程序的主循环，可将所需的模块添加至循环内部，以便在启动仿真环境后实现自动化循环运行。若需中断循环，仅需要在“循环”模块中找到“中断循环”模块，并将其放置在程序结构的末尾部分，如图4-12所示。通过执行此操作，能够成功中断循环，从而使马达停止转动。

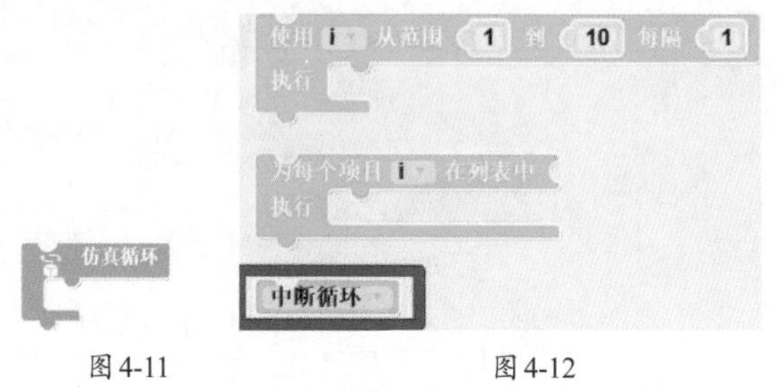

图4-11　　图4-12

二、认识条件判断模块

手动控制的核心在于对条件判断模块的应用。为此，需进入编程模块的“逻辑”模块，从中选择“如果”模块，随后将其置于程序的循环内部。当特定条件得到满足时，相关程序将被执行。进一步地，单击紫色按钮，将发现可在“如果”模块下增设“否则如果”或“否则”模块，如图4-13所示。“否则如果”用于设定另一个条件，“否则”则用于在“如果”模块对应的条件不满足时执行相应程序。

图4-13

注意：在条件判断模块中，“否则如果”模块表示可以进一步设定多个条件分支。

三、认识键盘控制模块

学习条件判断模块的使用方法后，还需要在该模块中设置相应的条件。若计划利用键盘按键实现对机器人的控制，使机器人实现包括前进、左转、后退、右转等功能，需要在“控制”模块中找到“键盘按下”模块，并将其放置在条件判断模块的条件部分，如图4-14所示。

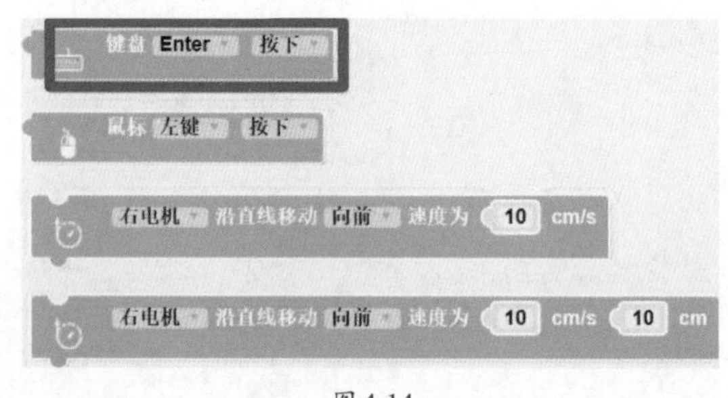

图4-14

4.2.3 手动控制机器人编程

如何利用现有模块让机器人接受键盘控制呢？

打开“地形通道2”场景文件，如图4-15所示，通过编程采用手动控制方式让机器人到达通道的另外一侧。

图4-15

现在将预设的键位与功能对应，完成手动控制的基础性任务。

一、前进与后退

为了编程实现对机器人的前进、后退的控制，需要在“如果”这一条件判断模块中加入特定的指令。这些指令需要使机器人在接收到前进指令时启动两个马达并使它们正转，而在接收到后退指令时使两个马达反转。为了确保这些动作能够连续、自动地执行，我们需要编写这个条件判断模块并将其嵌套在“仿真循环”模块中，以使其无限次循环运行。

在设定马达转动比例时，建议将数值控制在50%以下，因为过高的数值可能会导致机器人操控难度提高。参考程序如图4-16所示。

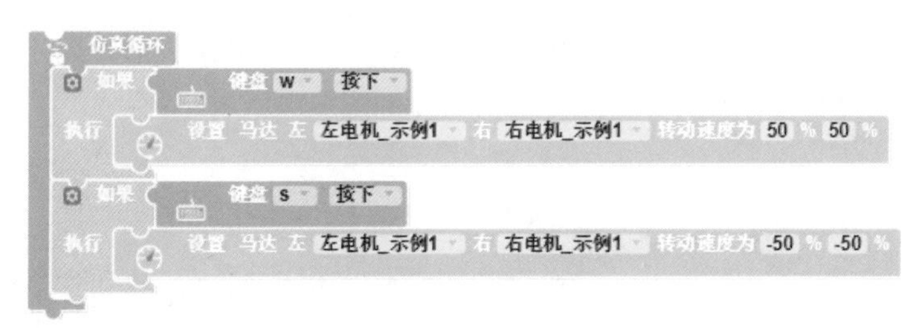

图4-16

二、直角左转与直角右转

将左右两侧马达的转动方向进行相反设置，即使机器人左转需要将右侧马达设置为正转，将左侧马达设置为反转；使机器人右转需要将左侧马达设置为正转，将右侧马达设置为反转。机器人直角左转和直角右转的参考程序如图4-17所示。

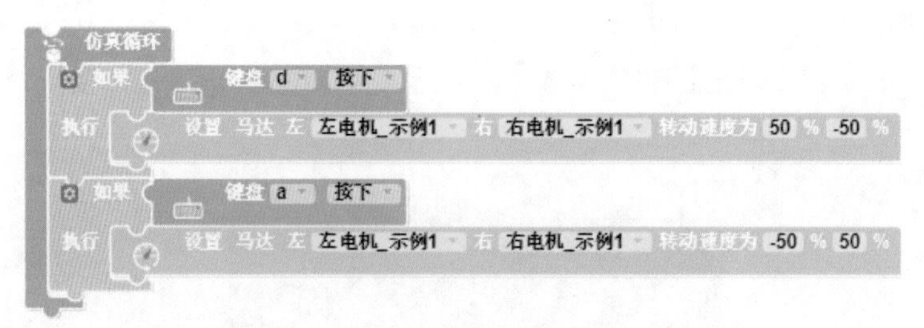

图4-17

建议：将左右两侧马达的转动比例设置为绝对值，转动比例越大，转弯速度越快。

注意：手动控制下机器人的直角转弯需要通过左转或右转功能对应的按键搭配停止功能对应的按键实现。

拓展：为什么在仿真过程中机器人前进后立即后退时车身会出现摆动？答案是：机器人具有惯性。

三、停止

编程手动控制机器人停止，仅需将“如果”模块内的条件改为左右两侧马达转动比例为0%。参考程序如图4-18所示。

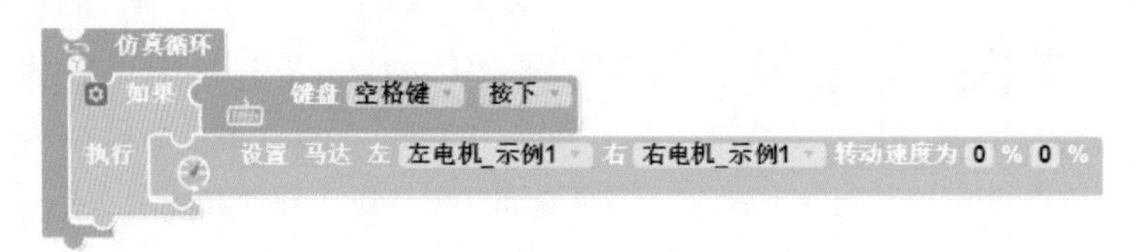

图4-18

四、向前左转与向前右转

利用两个马达的差速，手动控制机器人向左前方前进的同时左转（即向前左转），向右前方前进的同时右转（即向前右转）。参考程序如图4-19所示。

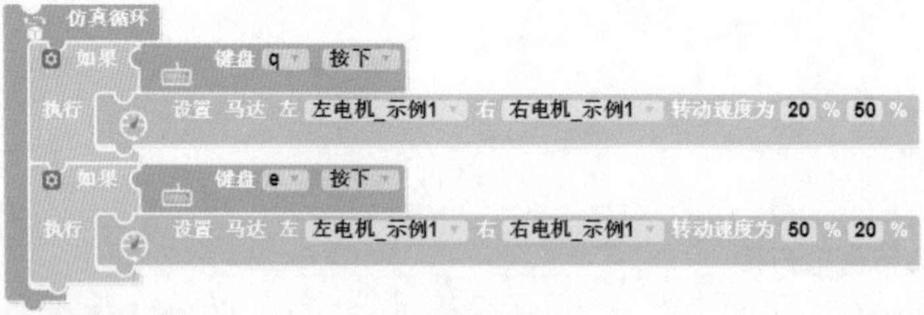

图4-19

五、向后左转与向后右转

利用两个马达的差速，手动控制机器人向左后方后退的同时左转（即向后左转），向右后方后退的同时右转（即向后右转）。参考程序如图4-20所示。

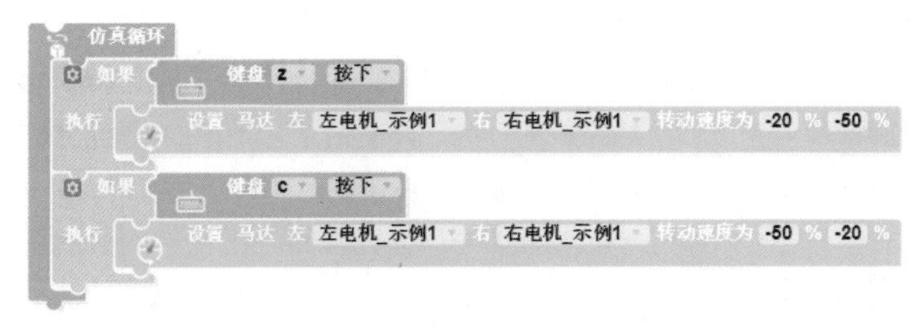

图4-20

4.3 机器人控制设计——组合控制

在执行生活中的多种任务时，将自动控制与手动控制协同运用的组合控制能够提升效率与精度。同样，在对3D One AI的虚拟仿真机器人的操作中，我们也能实现这种组合控制。

4.3.1 组合控制机器人

之前的内容中，我们讲解了自动控制和手动控制的知识。现在，我们进一步探讨组合控制的实现方式及其优势。考虑到机器人除了马达外，在底盘上方装配了马达和积木件，组合成为机械臂。机械臂是机器人技术中广泛应用于多个领域，如工业制造、医学治疗、娱乐服务、军事、半导体制造及太空探索等的自动化机械装置。尽管形态各异，它们均具备接收指令并精确定位至三维（或二维）空间特定点以执行作业和完成任务的能力。

在虚拟仿真机器人中，同样存在对应的机械臂结构，如图4-21所示，其具体组成部分为合页、梁和真空吸盘。合页负责控制转动，梁作为机械臂的主要组成部分，真空吸盘则辅助完成特定任务。这种结构的协同工作使得机器人能够执行更为复杂和精确的操作。

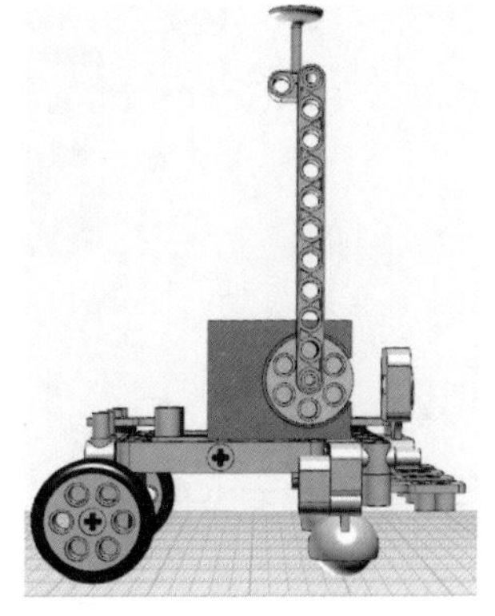

图4-21

机械臂可以进行上下摆动，其对应的按键与功能如表4-2所示。

表4-2

按键	功能设置	按键	功能设置
R	机械臂合页向前转动	T	真空吸盘开启
F	机械臂合页向后转动	G	真空吸盘关闭

注意：机械臂的控制按键不能与机器人运动的控制按键重复。

4.3.2 认识组合控制运动相关模块

组合控制的优势在于让复杂的任务简单化、稳定化。假设需要机器人完成走出某一个特定图形（例如圆形或者正方形）的路线的任务。此时为了让走出的图形路线更标准，可以使用自动控制，但是如果需要在程序中走出多个特定图形路线，那么可以使用组合控制。

单击界面右侧的“资源库”按钮，选择“编程设置控制器”，打开编程界面。

一、认识循环模块

循环模块在编程中扮演着至关重要的角色，其功能类似于“复制和粘贴”功能，如图4-22所示。它允许将特定代码段重复执行多次，而无须手动重复输入。通过循环模块，我们可以自定义重复的次数，从而轻松地完成重复性任务。此外，循环模块的使用不仅提高了编程效率，还有助于减少因手动重复操作而可能引发的错误。

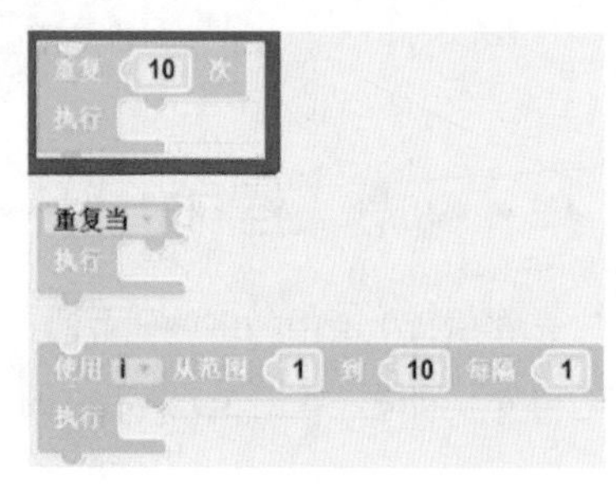

图4-22

二、认识伺服电机模块

马达用来控制车轮转动，伺服电机可以控制机械臂向前、向后转动。伺服电机模块在“电子件”模块里，该模块具体有控制速度以及旋转角度两部分功能，旋转角度为正值时伺服电机逆时针转动，旋转角度为负值时伺服电机顺时针转动，如图4-23所示。

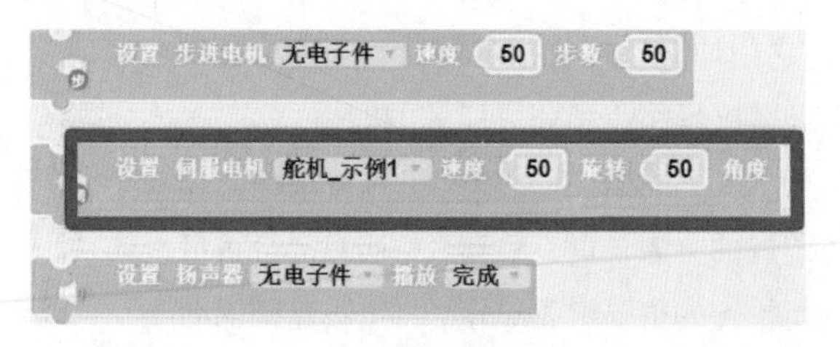

图4-23

三、认识真空吸盘模块

真空吸盘通常用来在完成任务时吸取一些物体，需要配合机械臂使用，真空吸盘模块同样在“电子件”模块里，如图4-24所示。

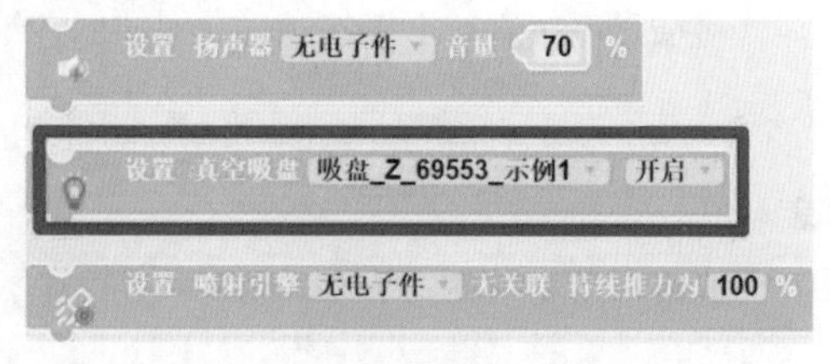

图4-24

四、认识函数模块

函数是图形化编程中非常重要的一个概念，可以帮助我们把一段代码进行封装，以便重复使用。我们每调用一次函数，函数就会完成一些特定的任务，并返回一个结果，如图4-25所示。

例如，我们的函数实现的功能是使机器人停止，那么函数内的程序即是使左右两侧马达停止转动的程序，需要让机器人停止时，只需要调用该函数即可。

图4-25

注意：先定义函数才能调用函数。并且定义函数可以在仿真循环外进行。

4.3.3 组合控制机器人编程

如何利用已经学习的知识让机器人接受键盘控制呢？

首先，打开“地形通道3”场景文件，设置一个适合机器人的出发区，尝试通过编程让机器人能够利用组合控制的方式到达场景的另一侧并成功地吸取得分物，导入球形得分物固定框后导入球形得分物，将球形得分物放置在固定框上，如图4-26所示。

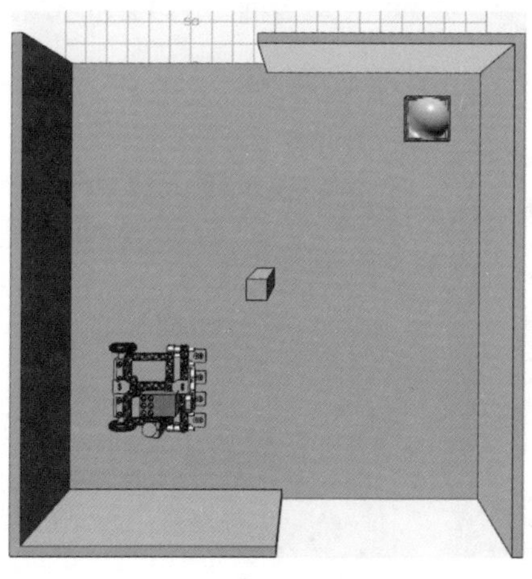

图4-26

手动控制机械臂同样要结合之前介绍的条件判断模块，在“如果”模块的条件内加入伺服电机模块，伺服电机模块中的转动速度根据具体任务自行设置，为了便于控制可以将转动角度设置得稍小。除了需要编写使机械臂合页向前转动（即顺时针转动）的相关程序，还需要编写机械臂合页向后转动（即逆时针转动）的相关程序。参考程序如图4-27所示。

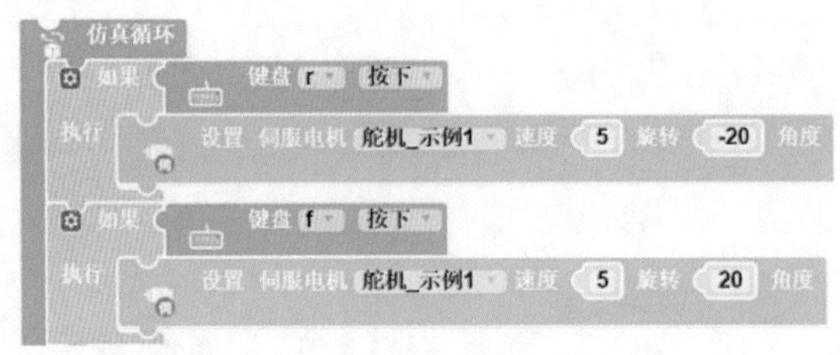

图4-27

一、真空吸盘控制

机器人在吸取物体时需要开启真空吸盘，转移物体并将其放置后需要关闭真空吸盘。参考程序如图4-28所示。

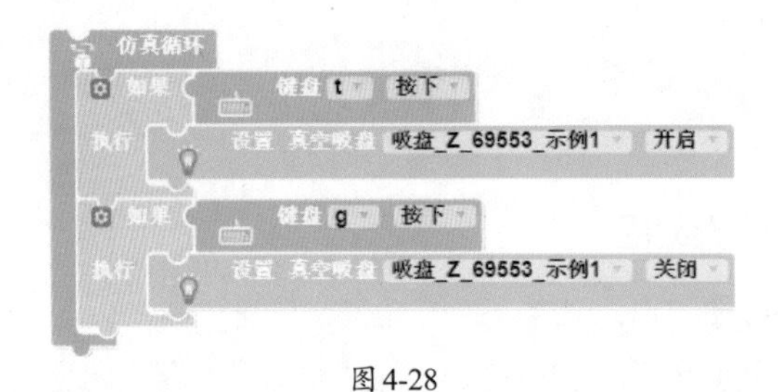

图4-28

二、正方形路线

正方形路线可以被拆解为4个相同部分，如图4-29所示。机器人动作的相同部分为直行后左转，相同部分重复4遍。直行、左转后机器人均需停顿1s，避免受惯性影响过大。参考程序如图4-30所示。

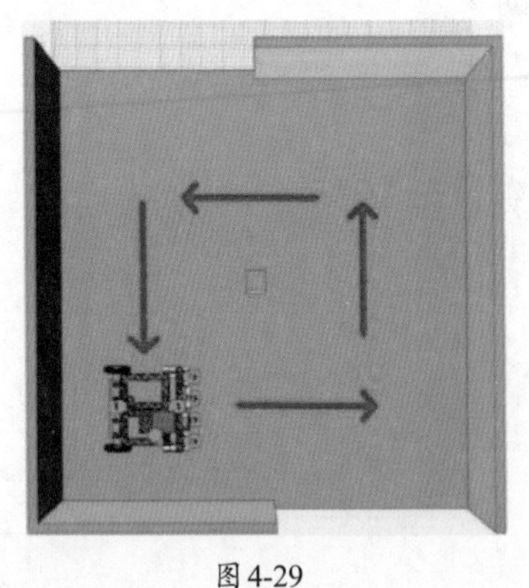

图4-29

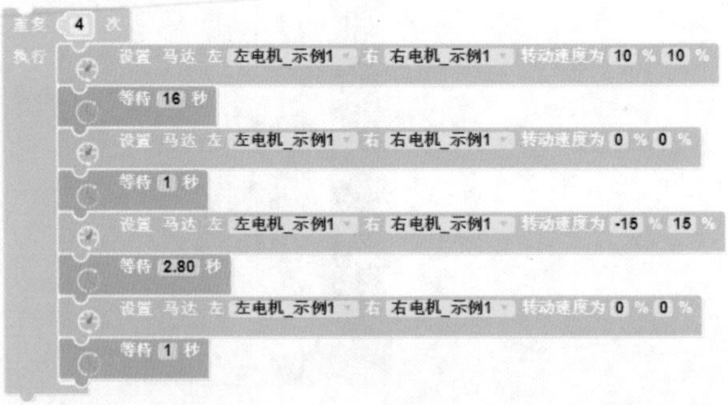

图4-30

三、利用函数模块实现组合控制

我们可以将任务路线定义为名为“直行左转”的函数模块。通过函数模块，可以更加高效地编写代码，减少重复劳动，并且让程序更加易于维护和修改。

在“地形通道4”场景文件中编写程序，注意该场景与“地形通道3”场景中的球形得分物位置有所不同。参考程序如图4-31所示。

```
至 直行左转
空白
  设置 马达 左 左电机_示例1 右 右电机_示例1 转动速度为 20 % 20 %
  等待 8 秒
  设置 马达 左 左电机_示例1 右 右电机_示例1 转动速度为 0 % 0 %
  等待 1 秒
  设置 马达 左 左电机_示例1 右 右电机_示例1 转动速度为 -20 % 20 %
  等待 2 秒
  设置 马达 左 左电机_示例1 右 右电机_示例1 转动速度为 0 % 0 %
  等待 1 秒

仿真循环
  如果 键盘 ↑ 按下
  执行 重复 2 次
       执行 直行左转
  如果 键盘 r 按下
  执行 设置 伺服电机 舵机_示例1 速度 5 旋转 -20 角度
  如果 键盘 f 按下
  执行 设置 伺服电机 舵机_示例1 速度 5 旋转 20 角度
  如果 键盘 t 按下
  执行 设置 真空吸盘 吸盘_Z_69553_示例1 开启
  如果 键盘 g 按下
  执行 设置 真空吸盘 吸盘_Z_69553_示例1 关闭
```

图 4-31

重复执行两次直行、左转后可以对机械臂进行手动控制，完成对球形得分物的吸取，如图4-32所示。

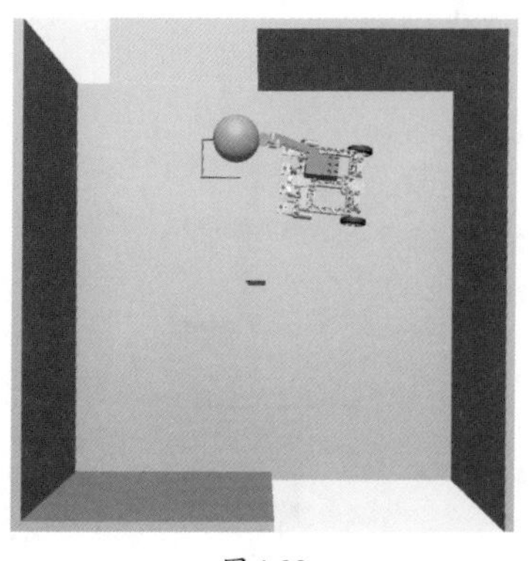

图 4-32

05

第5章 循迹任务功能设计

本章要点

- 灰度传感器的工作原理和使用方法。
- 分支路线和弧线路线的循迹方式。
- 组合循迹任务。

5.1 常见循迹任务功能设计

在深入理解灰度传感器的工作原理及其使用方法的基础上，结合马达的特性，我们可以有效地在3D One AI平台上实现常见的循迹任务。

5.1.1 循迹识别的基本原理

循迹识别的基本原理在于通过对预定路线的特定标识的识别与分析，使机器人能够沿着预定路线行进。在此过程中，机器人需依赖其搭载的传感器设备，对路线上的特定标识进行识别与分析。仔细观察图5-1所示的机器人，确定机器人的哪一部分用于循迹识别。

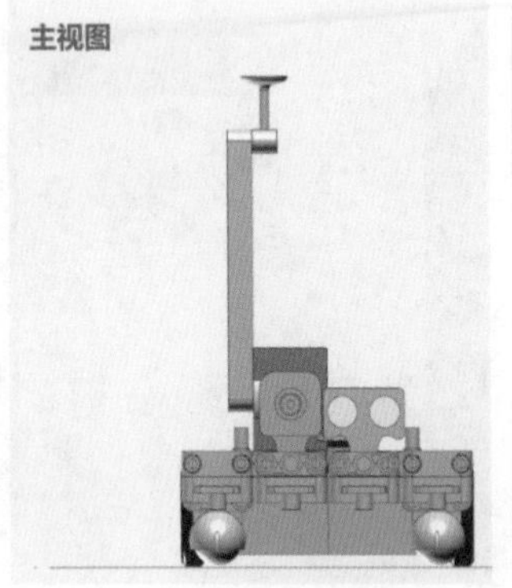

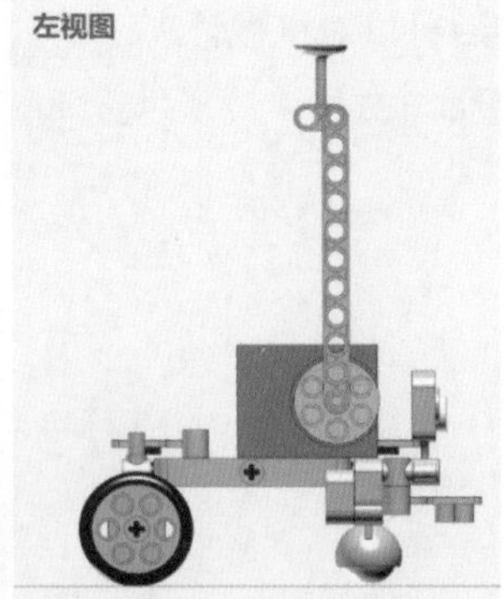

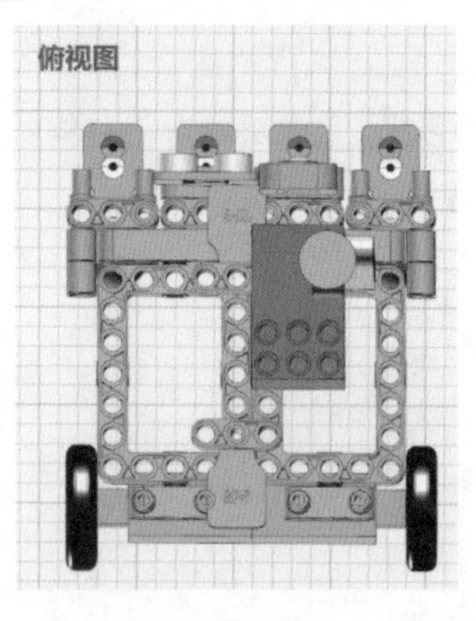

图5-1

提示：帮助机器人进行循迹识别的传感器要朝向地面，传感器最好位于机器人的前方。

机器人可以使用灰度传感器或循迹传感器进行循迹识别，而参考机器人采用的是灰度传感器。灰度传感器是一种电子件，专门用于检测光的强度。它能将光的强度转换为电压信号或数字信号，进而量化场景中物体的亮度。因此，灰度传感器能够区分场景中的黑线与非黑线区域，从而实现循迹识别。灰度传感器的具体外观如图5-2所示。

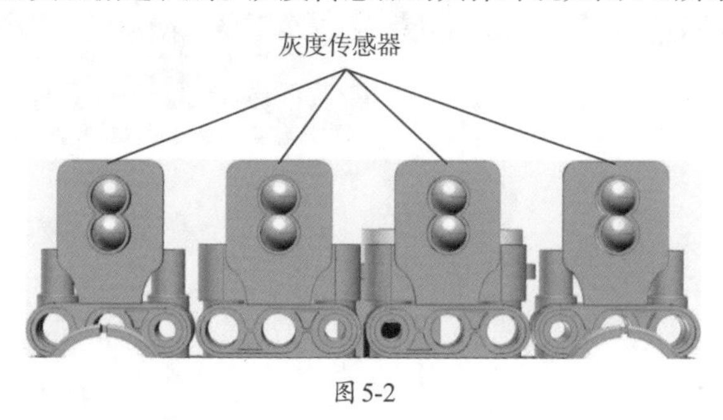

图5-2

灰度传感器的名称及位置如图5-3和图5-4所示。

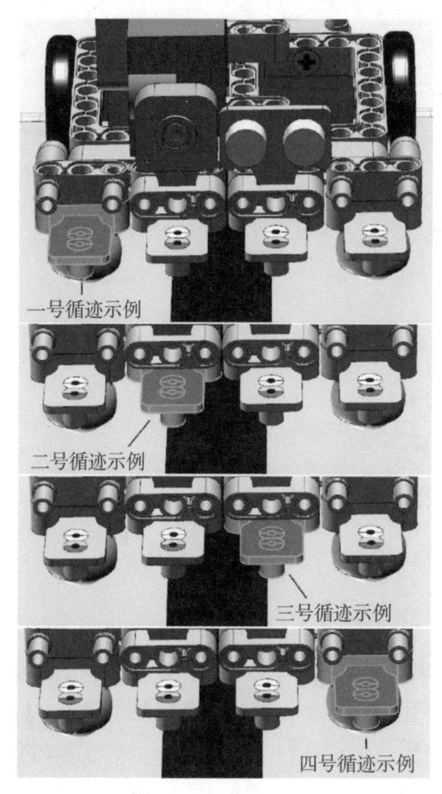

图5-3

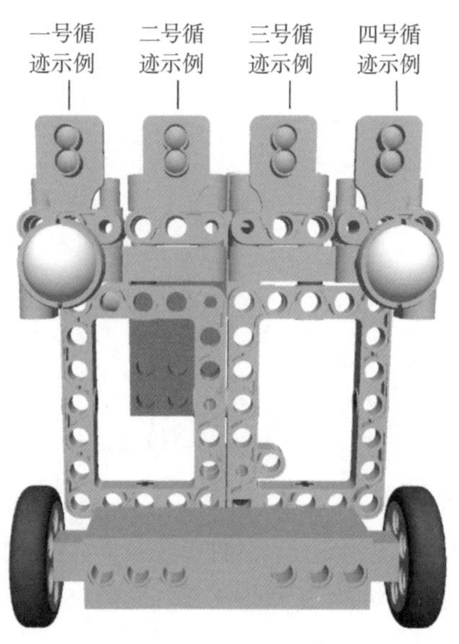

图5-4

5.1.2 循迹功能的实现方式

循迹功能在软件中有多种实现方式，以下展示编写机器人循迹程序的示例。

单击“资源库”按钮，选择“编程设置控制器”，找到并选择“虚拟传感器”模块，然后在界面右侧下滑找到“灰度传感器”模块，如图5-5所示。

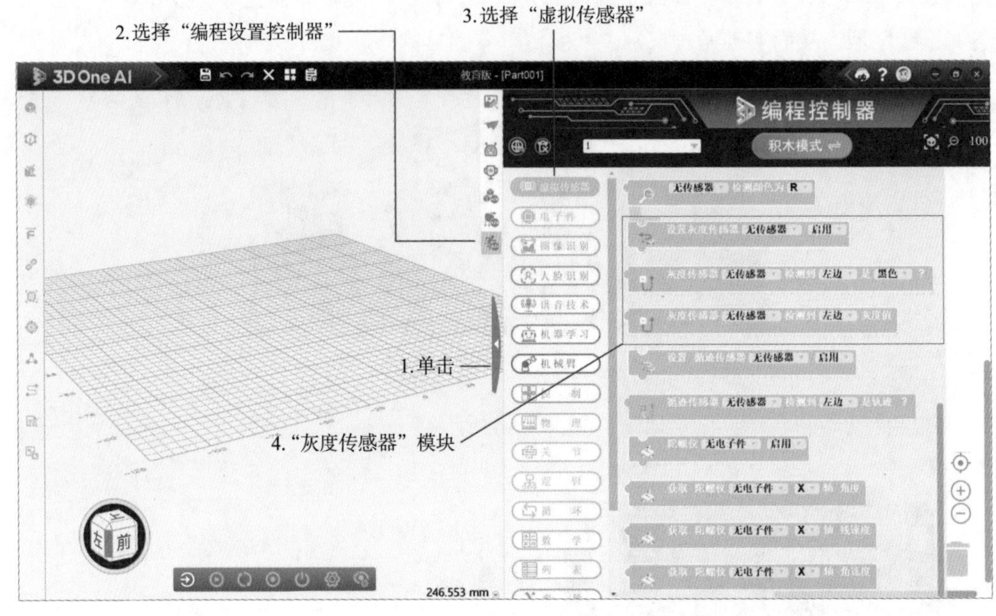

图5-5

使用灰度传感器识别黑色引导线（简称黑线），在程序开始时需要初始化传感器，在“设置灰度传感器”模块中选择“启用”，灰度传感器开始工作，如图5-6所示。

设置灰度传感器 一号循迹_示例1 启用
设置灰度传感器 二号循迹_示例1 启用
设置灰度传感器 三号循迹_示例1 启用
设置灰度传感器 四号循迹_示例1 启用

图5-6

利用“函数”模块自定义一些程序，以便后续使用，如图5-7所示。

在循环中选择“重复到”模块，将其改成“重复直到”模块，当满足该模块对应的条件时，跳出循环，该条件是使机器人停止的条件。比如在灰度传感器没有检测到黑色，即没有黑线的情况下，机器人走到路的尽头后停止。添加“重复直到”模块，在“重复直到”模块里添加“逻辑”模块里的“如果……”模块，继续添加“否则如果……”模块，增加针对不同情况的判断条件。条件设定如图5-8所示。

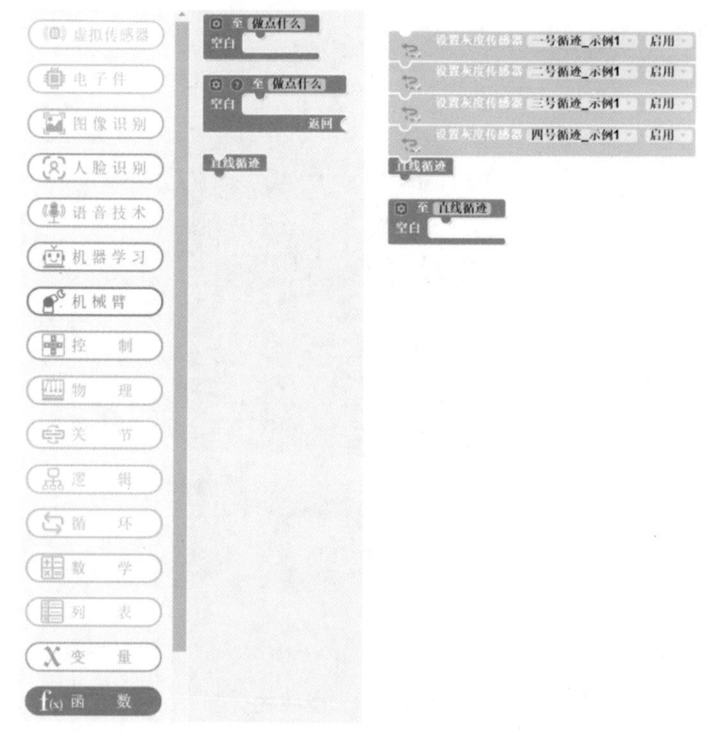

图5-7

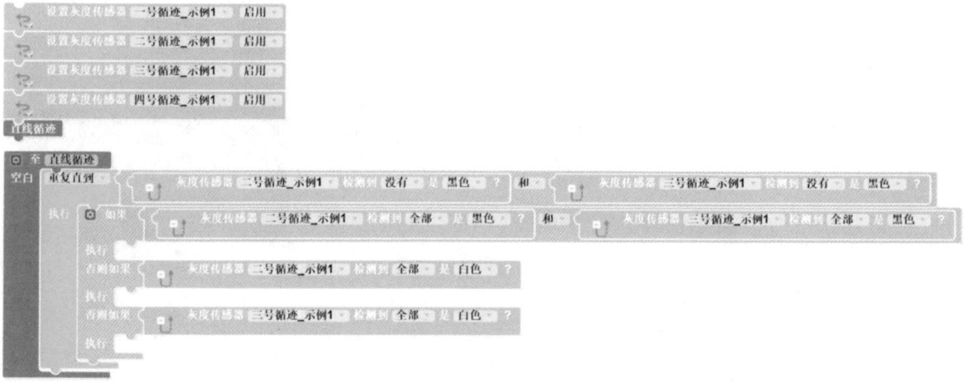

图5-8

在编程界面的“电子件”模块内选择“马达”模块，将其放入程序中。对该模块进行不同的设置，使机器人执行前进、左转、右转和停止的任务。参考程序如图5-9所示。

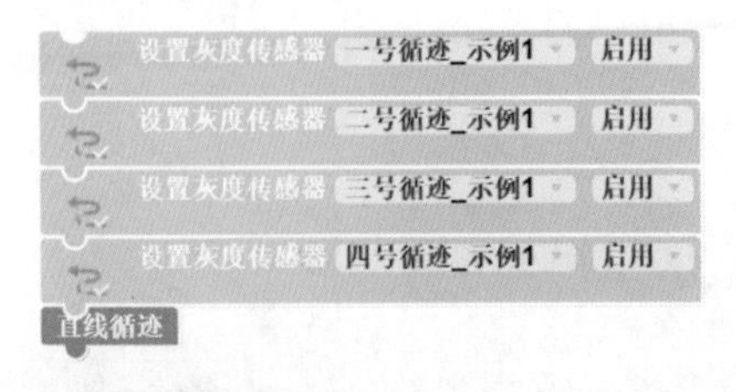

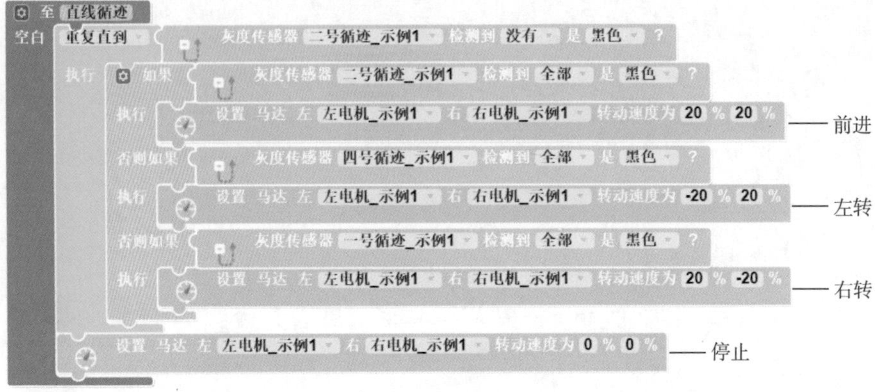

图 5-9

5.1.3 常见循迹任务功能设计

循迹任务通常是指通过灰度传感器检测地面上黑线的位置，编程控制机器人按照预定路线移动的任务。不同场景中的机器人执行循迹任务在编程上略有区别。

一、直线场景

当机器人在直线场景中，机器人下面的中间的两个灰度传感器在黑线上且机器人头部与黑线垂直时，机器人沿黑线前进，如图5-10所示。

图 5-10

启用灰度传感器后，因为二号循迹示例和三号循迹示例在中间，正好在黑线上，当二号循迹示例和三号循迹示例同时检测到黑色时，表示机器人在黑线上。将二号循迹示例和三号循迹示例通过逻辑运算符“和”连接，把左侧马达和右侧马达的转动比例都设置为20%，使机器人前进。

二号循迹示例在机器人中间偏右的位置，检测到白色，表示机器人的前进方向朝右偏离，应该使其左转。把左侧马达的转动比例设置为−20%，右侧马达的转动比例设置为20%，实现左转。三号循迹示例在机器人中间偏左的位置，检测到白色，表示机器人的前进方向朝左偏离，应该使其右转。把左侧马达的转动比例设置为20%，右侧马达的转动比例设置为−20%，实现右转。参考程序如图5-11所示。

```
设置灰度传感器 一号循迹_示例1 启用
设置灰度传感器 二号循迹_示例1 启用
设置灰度传感器 三号循迹_示例1 启用
设置灰度传感器 四号循迹_示例1 启用
直线循迹

至 直线循迹
空白 重复直到 灰度传感器 二号循迹_示例1 检测到 没有 是 黑色 ? 和 灰度传感器 三号循迹_示例1 检测到 没有 是 黑色 ?
  执行 如果 灰度传感器 二号循迹_示例1 检测到 全部 是 黑色 ? 和 灰度传感器 三号循迹_示例1 检测到 全部 是 黑色 ?
    执行 设置 马达 左 左电机_示例1 右 右电机_示例1 转动速度为 20 % 20 %
  否则如果 灰度传感器 二号循迹_示例1 检测到 全部 是 白色 ?
    执行 设置 马达 左 左电机_示例1 右 右电机_示例1 转动速度为 -20 % 20 %
  否则如果 灰度传感器 三号循迹_示例1 检测到 全部 是 白色 ?
    执行 设置 马达 左 左电机_示例1 右 右电机_示例1 转动速度为 20 % -20 %
设置 马达 左 左电机_示例1 右 右电机_示例1 转动速度为 0 % 0 %
```

图5-11

二、转角场景

（1）左转。机器人在转角场景中执行循迹任务，如图5-12所示。因为机器人要左转，所以自定义使机器人左转的函数，如图5-13所示。机器人在直线部分执行循迹任务时，到达转弯处就会停止，如图5-14所示。如果此时转弯，转弯后会偏离黑线，如图5-15所示。测试程序如图5-16所示。

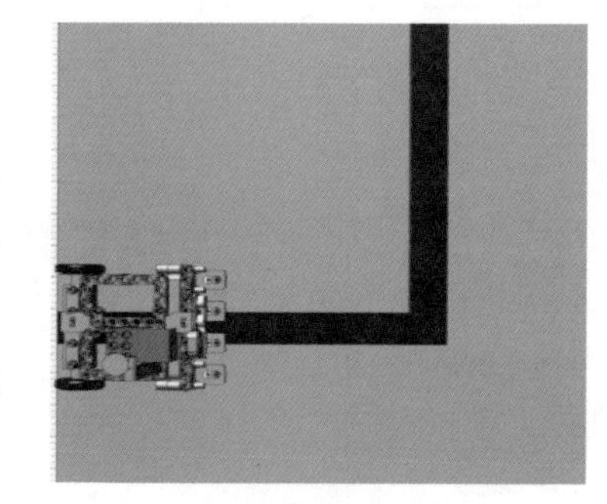

图5-12

```
至 左转
空白 设置 马达 左 左电机_示例1 右 右电机_示例1 转动速度为 -10 % 10 %
     等待 4.4 秒
     设置 马达 左 左电机_示例1 右 右电机_示例1 转动速度为 0 % 0 %
     等待 0.01 秒
```

图5-13

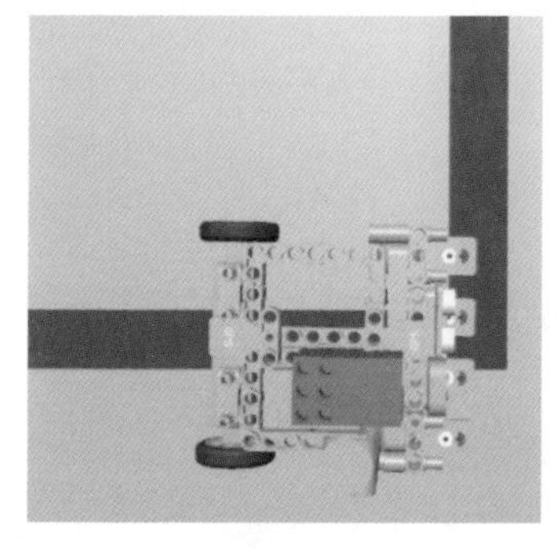

图5-14

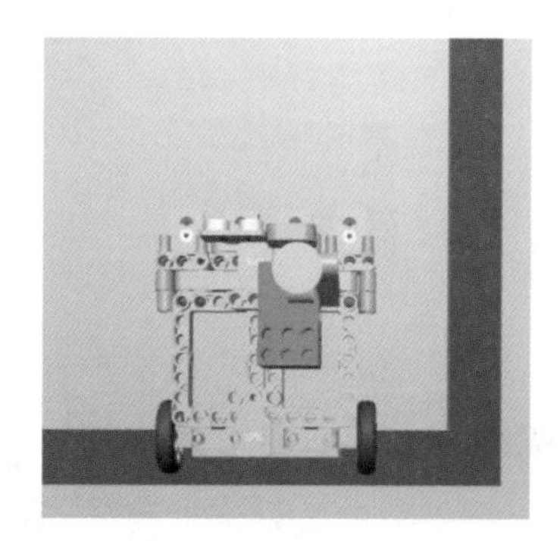

图5-15

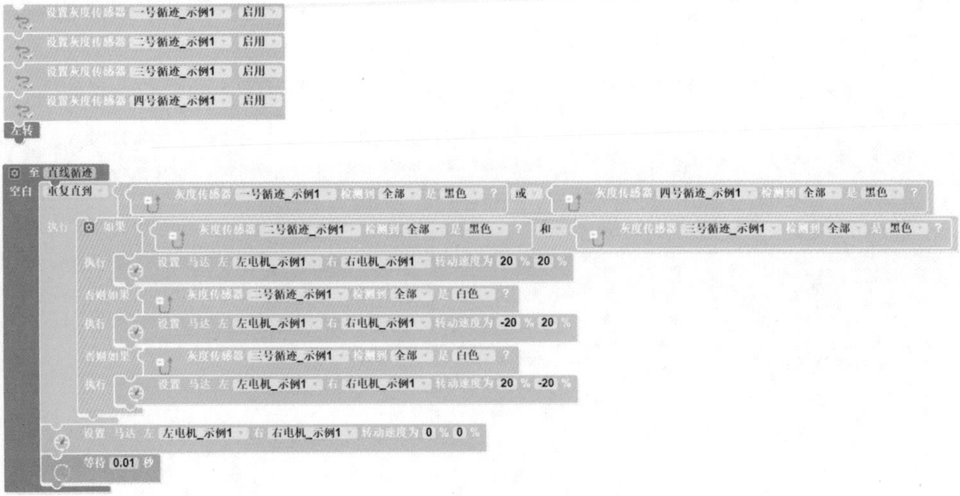

设置灰度传感器 一号循迹_示例1 启用
设置灰度传感器 二号循迹_示例1 启用
设置灰度传感器 三号循迹_示例1 启用
设置灰度传感器 四号循迹_示例1 启用
左转
至 直线循迹
空白 重复直到
灰度传感器 一号循迹_示例1 检测到 全部 是 黑色 ? 或 灰度传感器 四号循迹_示例1 检测到 全部 是 黑色 ?
执行 如果
灰度传感器 二号循迹_示例1 检测到 全部 是 黑色 ? 和 灰度传感器 三号循迹_示例1 检测到 全部 是 黑色 ?
执行 设置 马达 左 左电机_示例1 右 右电机_示例1 转动速度为 20 % 20 %
否则如果 灰度传感器 二号循迹_示例1 检测到 全部 是 白色 ?
执行 设置 马达 左 左电机_示例1 右 右电机_示例1 转动速度为 -20 % 20 %
否则如果 灰度传感器 三号循迹_示例1 检测到 全部 是 白色 ?
执行 设置 马达 左 左电机_示例1 右 右电机_示例1 转动速度为 20 % -20 %
设置 马达 左 左电机_示例1 右 右电机_示例1 转动速度为 0 % 0 %
等待 0.01 秒

图5-16

机器人执行循迹任务时到达转弯处停止后，应该前进一小段距离，走到黑线上，如图5-17左图所示，程序如图5-17右图所示；然后机器人左转，如图5-18左图所示，程序如图5-18右图所示；继续执行循迹任务，如图5-19左图所示，程序如图5-19右图所示。主程序如图5-20所示。最后的等待0.01秒的模块用于减少惯性对机器人的影响。完整程序如图5-21所示。

至 前进到黑线上
空白 设置 马达 左 左电机_示例1 右 右电机_示例1 转动速度为 20 % 20 %
等待 2.7 秒
设置 马达 左 左电机_示例1 右 右电机_示例1 转动速度为 0 % 0 %
等待 0.01 秒

图5-17

至 左转
空白 设置 马达 左 左电机_示例1 右 右电机_示例1 转动速度为 -10 % 10 %
等待 4.4 秒
设置 马达 左 左电机_示例1 右 右电机_示例1 转动速度为 0 % 0 %
等待 0.01 秒

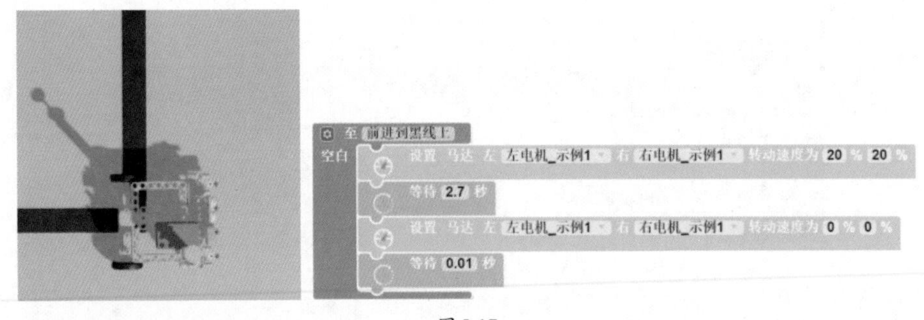

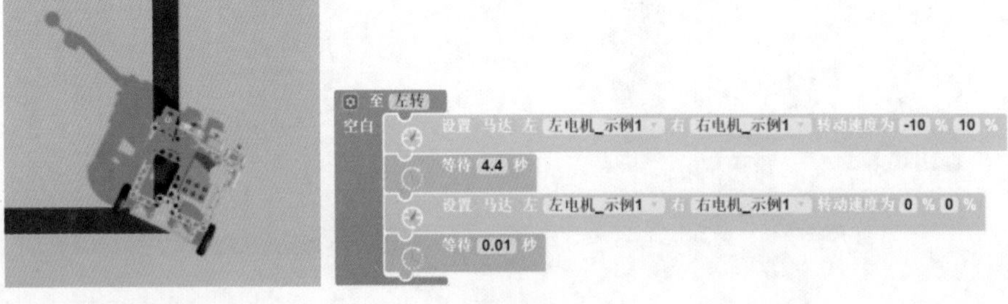

图5-18

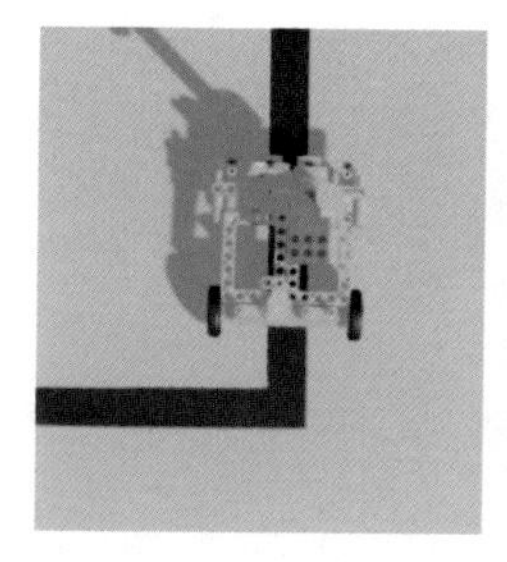

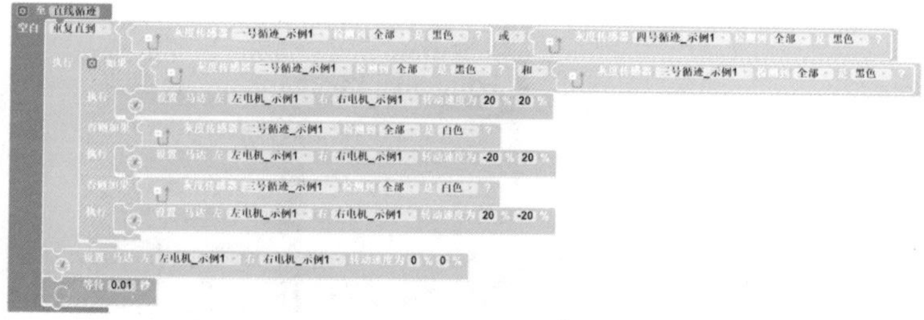

图 5-19

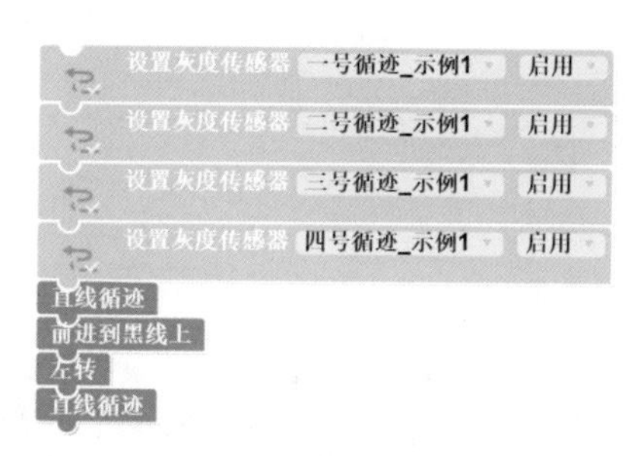

图 5-20

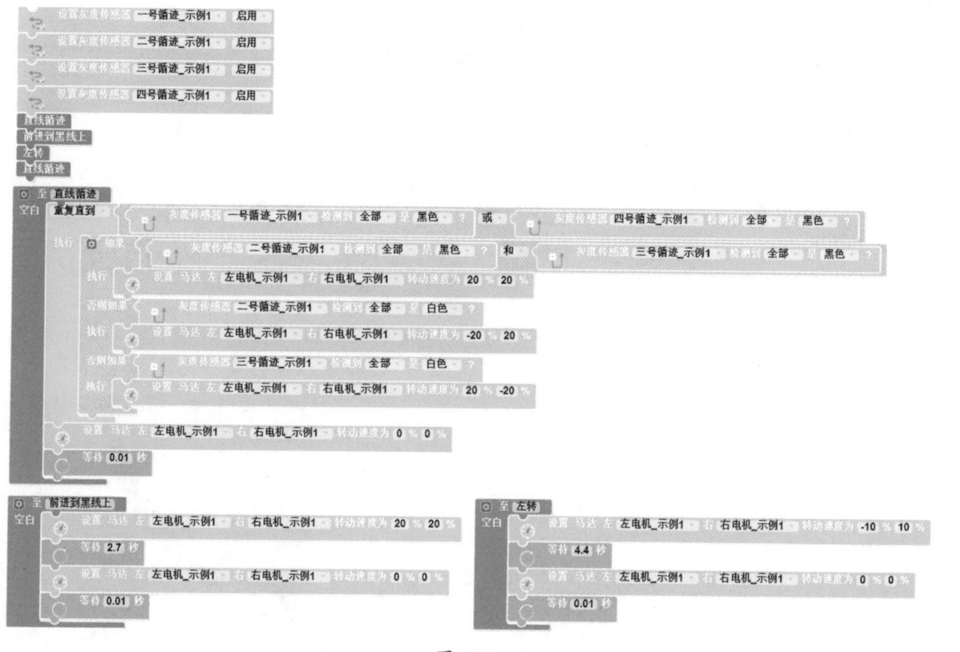

图 5-21

（2）右转。机器人在转角场景中执行循迹任务，如图5-22所示。因为机器人要右转，所以自定义使机器人右转的函数。机器人在直线部分执行循迹任务时，到达转弯处会停止，然后前进一小段距离，走到黑线上，再右转，继续执行循迹任务。参考程序如图5-23所示。

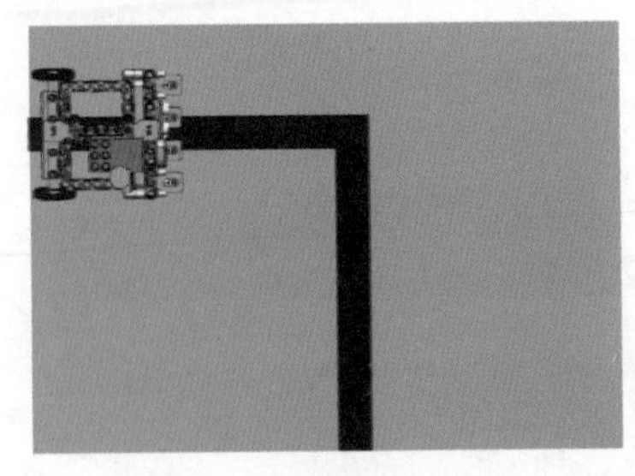

图 5-22

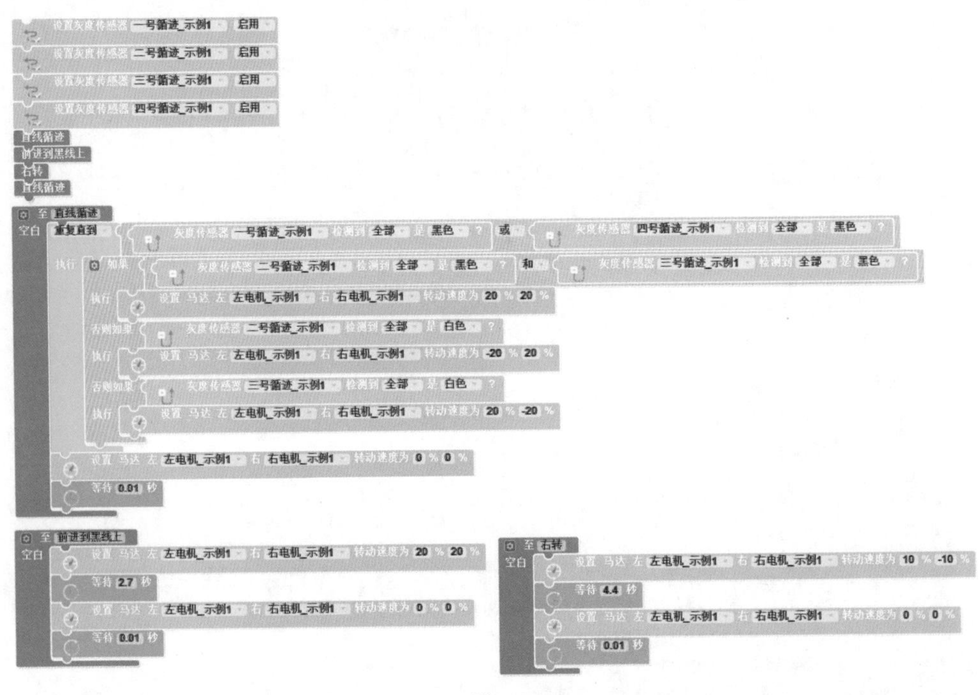

图 5-23

三、弧线场景

当机器人在弧线场景中，机器人的两个灰度传感器在黑线上时，机器人沿黑线前进，如图5-24所示。

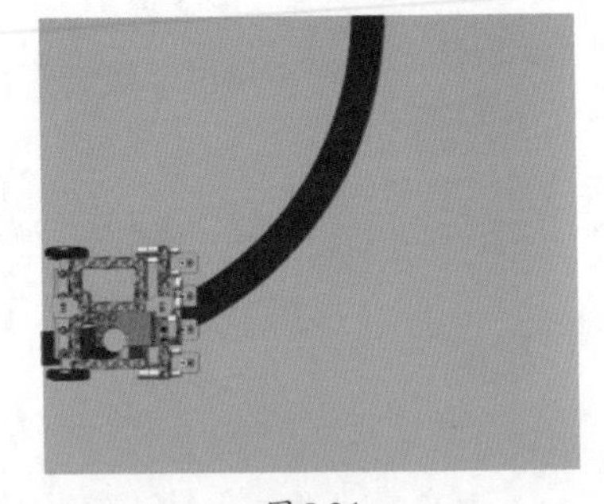

图 5-24

因为二号循迹示例和三号循迹示例在黑线两侧，启用灰度传感器后，当二号循迹示例和三号循迹示例同时检测到黑色时，机器人在黑线上。将二号循迹示例和三号循迹示例通过逻辑运算符“和”连接，把左侧马达和右侧马达的转动速度都设置为20%，使机器人前进。

因为路线是弧线，所以机器人一旦前进，就容易偏离方向。二号循迹示例和三号循迹示例在机器人中间，因为场地中此时不是直角黑线，而是弧形黑线，最好的方式是机器人中间的两个灰度传感器紧贴黑线检测，这样就不会导致机器人中间的两个灰度传感器因为黑线弧度夹角的问题导致出现识别不精准的情况了，所以此时不能用是否检测到白色来判断是否在黑线上。机器人行进速度较快，难以通过简单的左转或右转来即时调整其行进角度，导致机器人容易偏离预设的路线。因此，为了确保机器人能够稳定地沿着既定路线行进，需特别关注对黑色的检测。具体来说，机器人下面的二号循迹示例和三号循迹示例更靠近路线中心，这使得它们能够更早地感知到方向的微小偏离。一旦发现偏离迹象，机器人便能迅速做出调整，从而避免完全脱离黑线，确保行进过程的准确性和稳定性。

二号循迹示例在机器人中间偏右的位置，检测到全部是黑色，表示机器人的前进方向偏左，应该使其右转。所以把左侧马达的转动比例设置为20%，右侧马达的转动比例设置为-20%，实现机器人右转。三号循迹示例在机器人中间偏左的位置，检测到全部是黑色，表示机器人的前进方向偏右，应该使其左转。所以把左侧马达的转动比例设置为-20%，右侧马达的转动比例设置为20%，实现机器人左转。参考程序如图5-25所示。

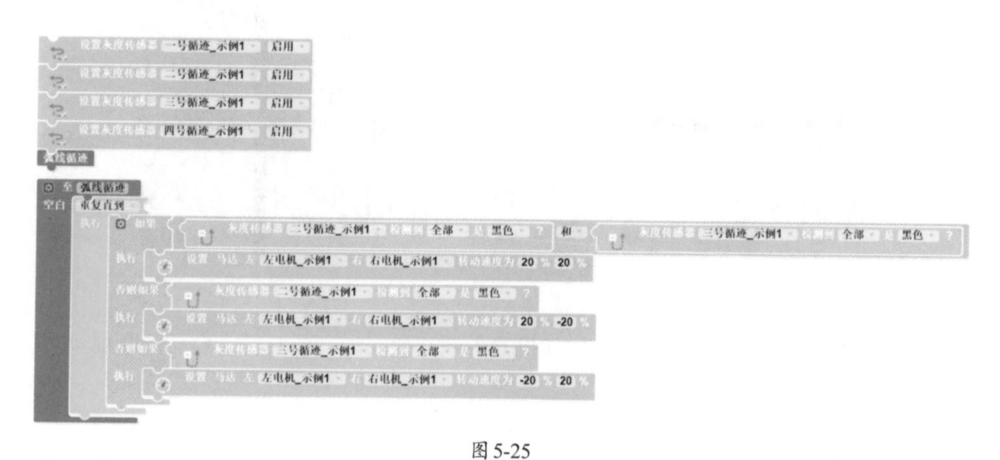

图5-25

5.2 特殊循迹任务功能设计

在3D One AI平台上，使机器人在场景中完成循迹任务，需在熟练掌握常见循迹任务功能设计技巧的基础上，深入分析特殊循迹任务场景的特性。通过了解这些场景的特性，合理进行程序编写。

5.2.1 特殊循迹任务

特殊循迹任务包括直断线、弧形断线、T形、十字形4种类型。

一、断线

特殊循迹任务中常见的两种断线是直断线和弧形断线，如图5-26所示。要让机器人在断线处停止，就需要设定合适的停止条件。

二、T形路线或者十字形路线

机器人在循迹过程中，可能遇到的T形路线如图5-27所示，可能遇到的十字形路线如图5-28所示。

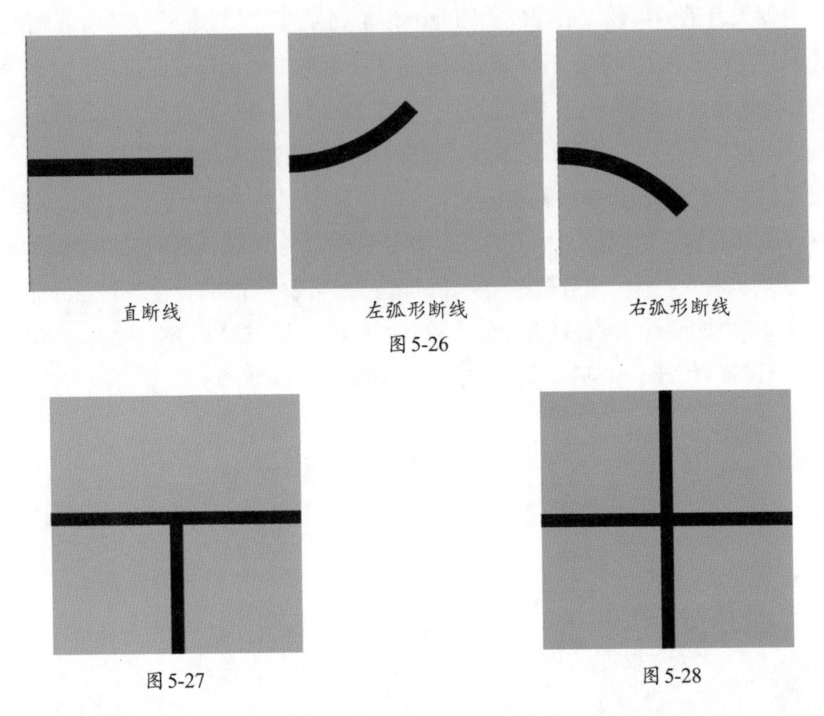

直断线　　左弧形断线　　右弧形断线

图5-26

图5-27　　图5-28

需要分析机器人接下来的动作，比如机器人到达黑线后，要左转、右转还是前进。分解动作，完成程序的组合设计。

5.2.2 特殊循迹任务功能设计

一、直断线，断线结束

机器人识别到黑线就会前进，直到没有识别到黑线停止，如图5-29所示。

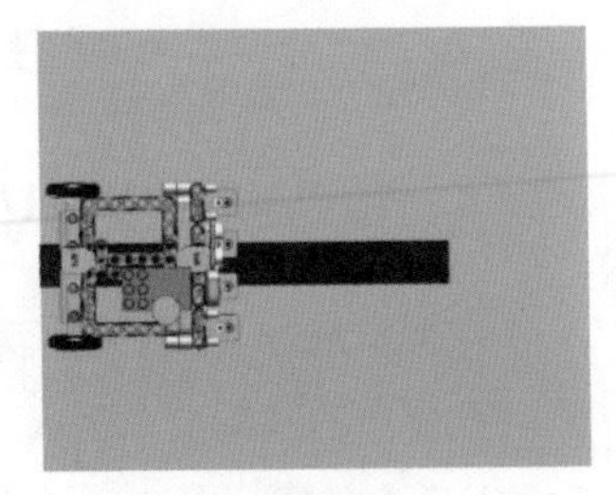

图5-29

启用灰度传感器后，当二号循迹示例、三号循迹示例都检测到全部是黑色时，将左侧马达和右侧马达的转动比例设置为20%，使机器人前进。如果二号循迹示例检测到全部是白色，机器人的前进方向偏右，应该使其左转，将左侧马达的转动比例设置为−20%，右侧马达的转动比例设置为20%。如果三号循迹示例检测到全部是白色，机器人的前进方向偏左，应该使其右转，将左侧马达的转动比例设置为20%，右侧马达的转动比例设置为−20%。重复上述操作，直到两个灰度传感器都检测到没有黑色，机器人走到路线尽头，将左、右两侧马达的转动比例都设置为0%，使机器人停止。参考程序如图5-30所示。

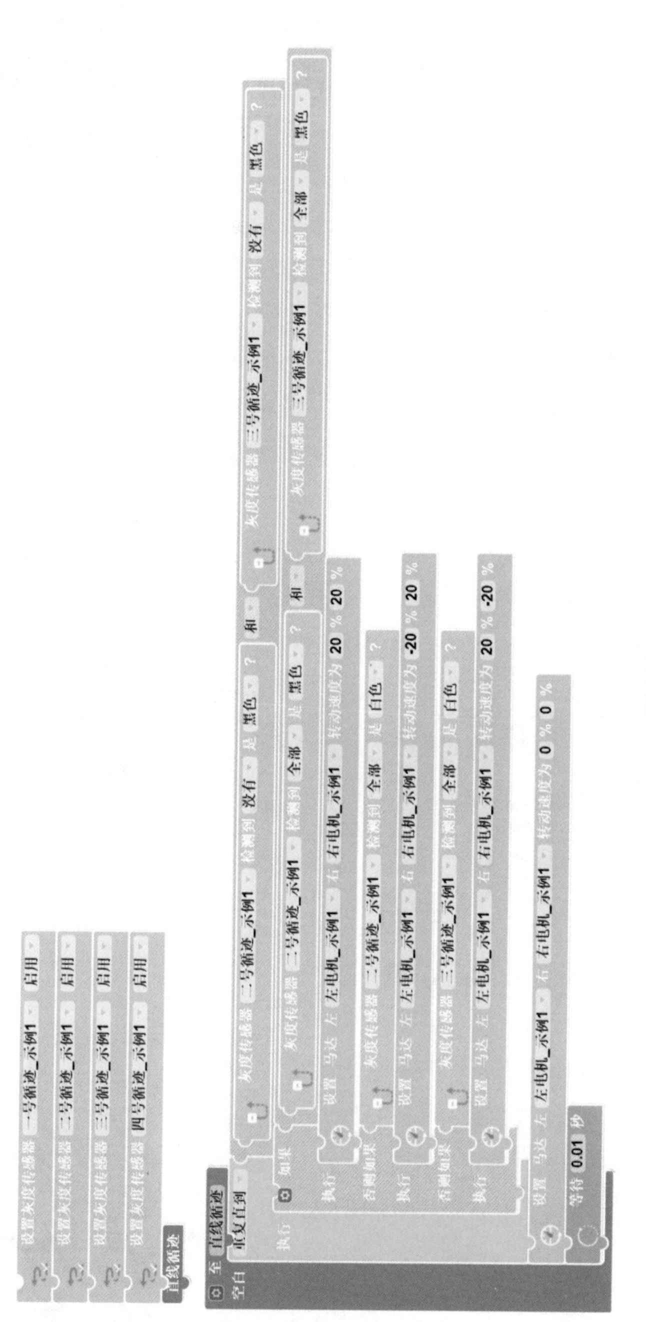

设置灰度传感器 一号循迹_示例1 启用
设置灰度传感器 二号循迹_示例1 启用
设置灰度传感器 三号循迹_示例1 启用
设置灰度传感器 四号循迹_示例1 启用
直线循迹
至 直线循迹
空白
重复直到 灰度传感器 二号循迹_示例1 检测到 没有 是 黑色 ? 和 灰度传感器 三号循迹_示例1 检测到 没有 是 黑色 ?
执行
如果 灰度传感器 二号循迹_示例1 检测到 全部 是 黑色 ? 和 灰度传感器 三号循迹_示例1 检测到 全部 是 黑色 ?
执行 设置 马达 左 左电机_示例1 右 右电机_示例1 转动速度为 20 % 20 %
否则如果 灰度传感器 二号循迹_示例1 检测到 全部 是 白色 ?
执行 设置 马达 左 左电机_示例1 右 右电机_示例1 转动速度为 -20 % 20 %
否则如果 灰度传感器 三号循迹_示例1 检测到 全部 是 白色 ?
执行 设置 马达 左 左电机_示例1 右 右电机_示例1 转动速度为 20 % -20 %
设置 马达 左 左电机_示例1 右 右电机_示例1 转动速度为 0 % 0 %
等待 0.01 秒

图 5-30

二、弧形断线，断线结束

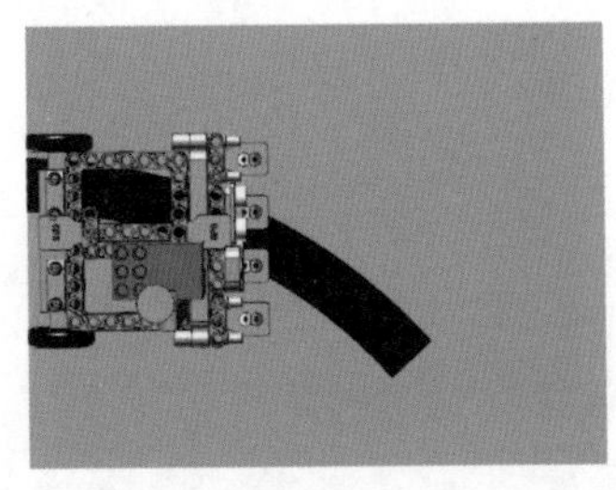

图 5-31

机器人沿着弧线前进，直到没有识别到黑线停止，如图5-31所示。

启用灰度传感器后，当二号循迹示例和三号循迹示例同时检测到黑色时，机器人在黑线上，将左侧马达和右侧马达的转动速度都设置为20%，使机器人前进。

二号循迹示例在机器人中间偏右的位置，检测到全部是黑色，表示机器人的前进方向偏左，应该使其右转。所以把左侧马达的转动速度设置为20%，右侧马达的转动速度设置为-20%，实现右转。三号循迹示例在机器人中间偏左的位置，检测到全部是黑色，表示机器人的前进方向偏右，应该使其左转。所以把左侧马达的转动速度设置为-20%，右侧马达的转动速度设置为20%，实现左转。当两个循迹示例都检测到没有黑色时，机器人走到路线的尽头，将左侧马达和右侧马达的转动速度设置为0%，使机器人停止。参考程序如图5-32所示。

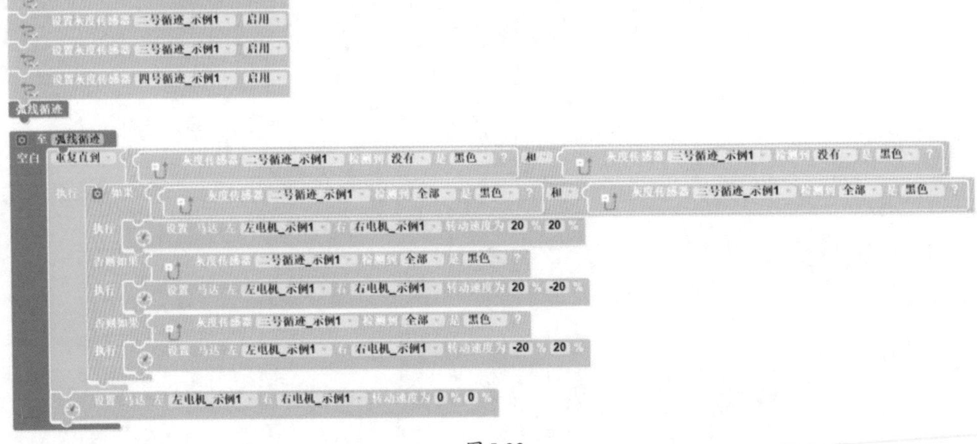

图 5-32

三、T形或者十字形路线

图 5-33

不论是在T形还是在十字形路线中，机器人执行循迹任务时的动作一般都分为4种：停止、直行、左转、右转。接下来将以十字形路线举例，十字形路线如图5-33所示。

（1）停止。

目标是使机器人到达十字路口后停止。

启用灰度传感器后，如果二号循迹示例、三号循迹示例都检测到全部是黑色，设置左、右两侧马达的转动速度为20%，使机器人前进。如果二号循迹示例检测到全部是白色，机器人的前进方向偏右，应该使其左转，将左侧马达的转动比例设置为-20%，右侧马达的转动比例设置为20%。如果三号循迹示例检测到全部是白色，机器人的前进方向偏左，应该使其右转，将左侧马达的转动比例设置为20%，右侧马达的转动比例设置为-20%。因为一号循迹示例和四号循迹示例在机器人的外侧，重复执行，直到一号循迹示例或四号循迹示例检测到全部是黑色，表示机器人到达十字路口，设置左、右两侧马达的转动比例为0%，使机器人停止。参考程序如图5-34所示。

```
设置灰度传感器 一号循迹_示例1 启用
设置灰度传感器 二号循迹_示例1 启用
设置灰度传感器 三号循迹_示例1 启用
设置灰度传感器 四号循迹_示例1 启用
直线循迹

至 直线循迹
空白 重复直到 灰度传感器 一号循迹_示例1 检测到 全部 是 黑色 ? 或 灰度传感器 四号循迹_示例1 检测到 全部 是 黑色 ?
  执行 如果 灰度传感器 二号循迹_示例1 检测到 全部 是 黑色 ? 和 灰度传感器 三号循迹_示例1 检测到 全部 是 黑色 ?
       执行 设置 马达 左 左电机_示例1 右 右电机_示例1 转动速度为 20 % 20 %
       否则如果 灰度传感器 二号循迹_示例1 检测到 全部 是 白色 ?
       执行 设置 马达 左 左电机_示例1 右 右电机_示例1 转动速度为 -20 % 20 %
       否则如果 灰度传感器 三号循迹_示例1 检测到 全部 是 白色 ?
       执行 设置 马达 左 左电机_示例1 右 右电机_示例1 转动速度为 20 % -20 %
设置 马达 左 左电机_示例1 右 右电机_示例1 转动速度为 0 % 0 %
等待 0.01 秒
```

图5-34

（2）直行。

目标是使机器人到达十字路口后，越过十字路口，继续直行。

机器人到达十字路口时，一号循迹示例或四号循迹示例检测到全部是黑色，机器人停止，如图5-35所示。此时机器人需要前进一段距离，越过十字路口，如图5-36所示，才能继续进行循迹。前进参考程序如图5-37所示。因为越过十字路口后，机器人继续进行循迹，并不需要停止，所以前进的程序里不需要将马达的转动速度设置为0%使机器人停止。参考程序如图5-38所示。

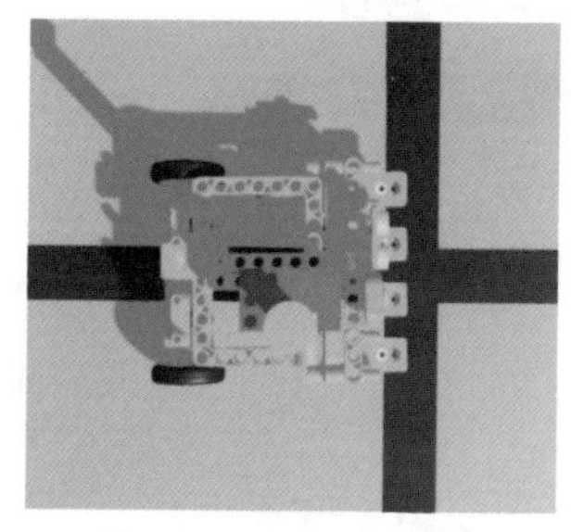

图5-35

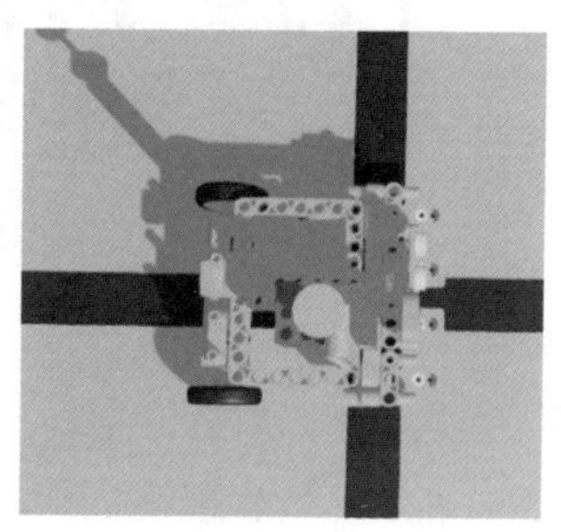

图5-36

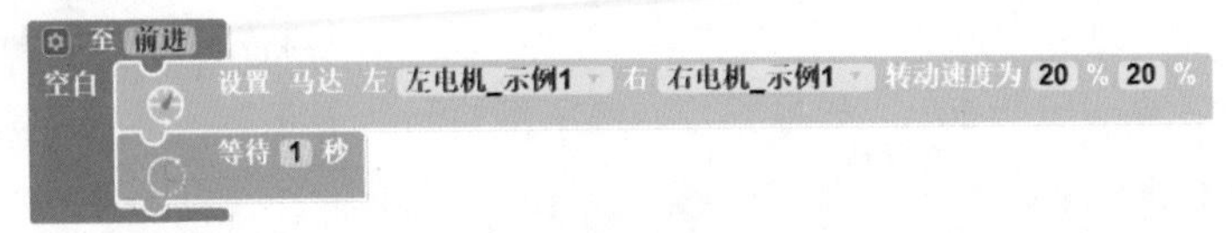

图 5-37

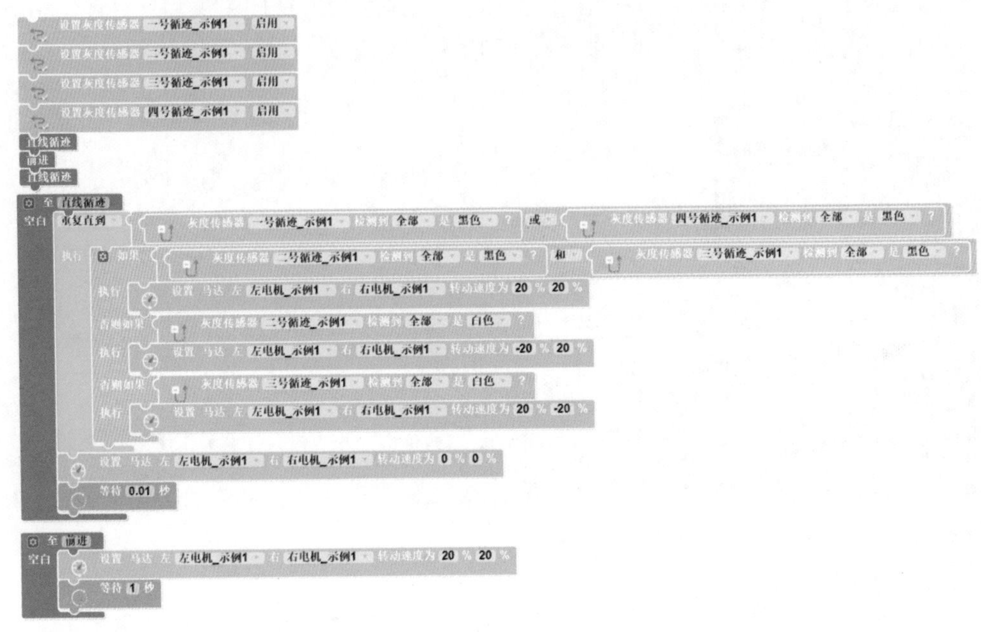

图 5-38

（3）左转。

目标是使机器人到达十字路口后，如图5-39所示，左转，找到黑线，继续循迹，如图5-40所示。

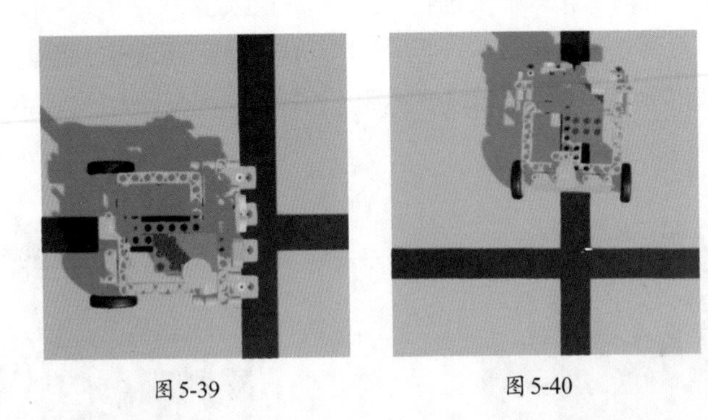

图 5-39　　图 5-40

机器人到达十字路口处停止后，应该前进一小段距离，走到黑线上，然后左转，参考程序如图5-41所示。接着继续循迹。完整程序如图5-42所示。

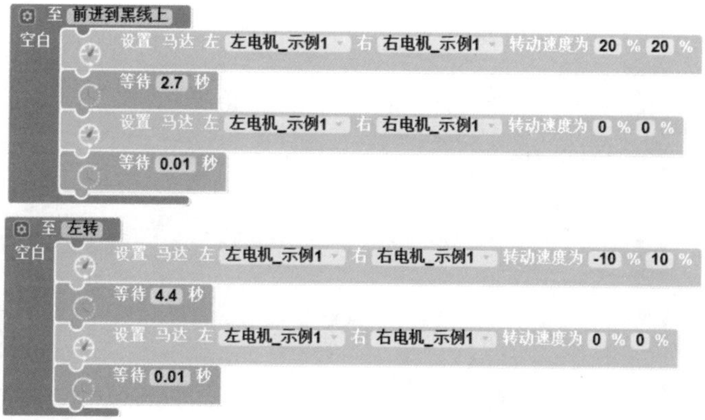

至 前进到黑线上
空白
设置 马达 左 左电机_示例1 右 右电机_示例1 转动速度为 20 % 20 %
等待 2.7 秒
设置 马达 左 左电机_示例1 右 右电机_示例1 转动速度为 0 % 0 %
等待 0.01 秒

至 左转
空白
设置 马达 左 左电机_示例1 右 右电机_示例1 转动速度为 -10 % 10 %
等待 4.4 秒
设置 马达 左 左电机_示例1 右 右电机_示例1 转动速度为 0 % 0 %
等待 0.01 秒

图 5-41

图 5-42

（4）右转。

目标是使机器人到达十字路口后，右转，找到黑线，继续循迹。

机器人到达十字路口处停止后，应该前进一小段距离，走到黑线上，然后右转，参考程序如图5-43所示。接着继续循迹。完整程序如图5-44所示。

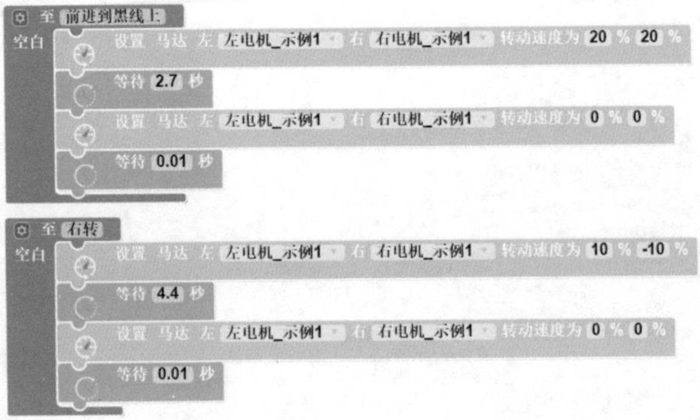

至 前进到黑线上
空白
设置 马达 左 左电机_示例1 右 右电机_示例1 转动速度为 20 % 20 %
等待 2.7 秒
设置 马达 左 左电机_示例1 右 右电机_示例1 转动速度为 0 % 0 %
等待 0.01 秒

至 右转
空白
设置 马达 左 左电机_示例1 右 右电机_示例1 转动速度为 10 % -10 %
等待 4.4 秒
设置 马达 左 左电机_示例1 右 右电机_示例1 转动速度为 0 % 0 %
等待 0.01 秒

图 5-43

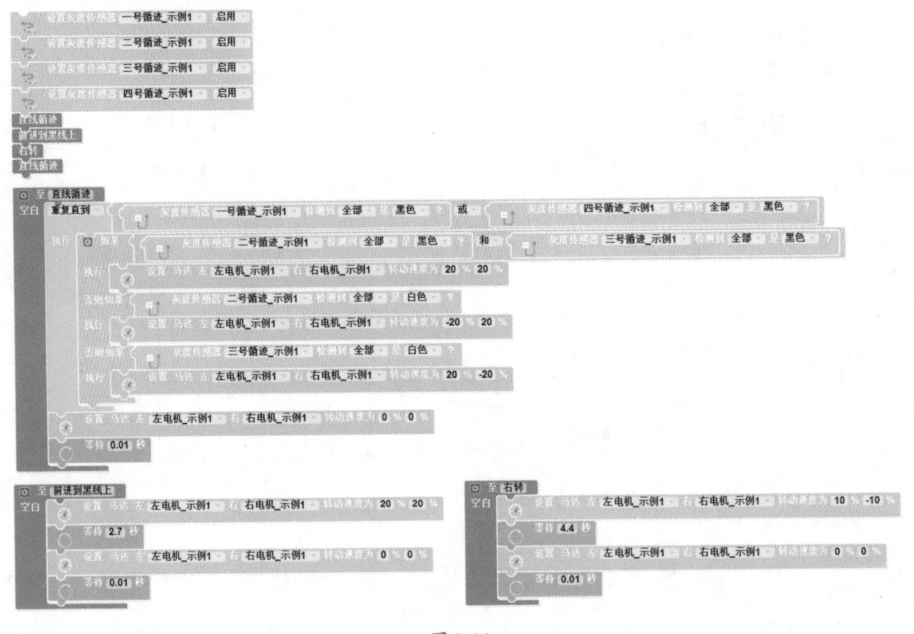

图 5-44

5.3 组合循迹任务功能设计

在3D One AI中可以设定不同的路线，也可以设定循迹任务的难度，在编程前需要根据任务的特点进行分析，从而设定程序语句以完成任务。

5.3.1 组合循迹任务

分支路线由弧线和直线构成，有直线右侧连接弧线、直线左侧连接弧线两种不同的组合方式，如图5-45所示。

弧线路线由弧线和直线构成，有弧线一侧连接直线、弧线两侧连接直线两种不同的组合方式，如图5-46所示。

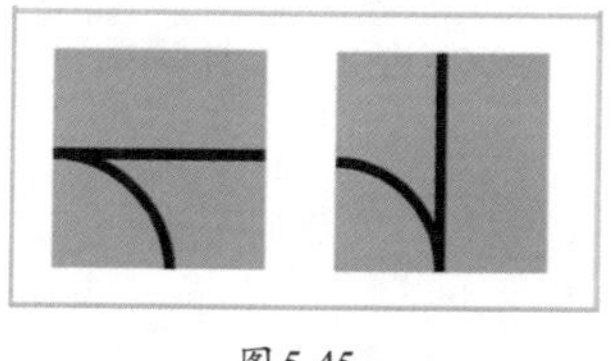

图5-45

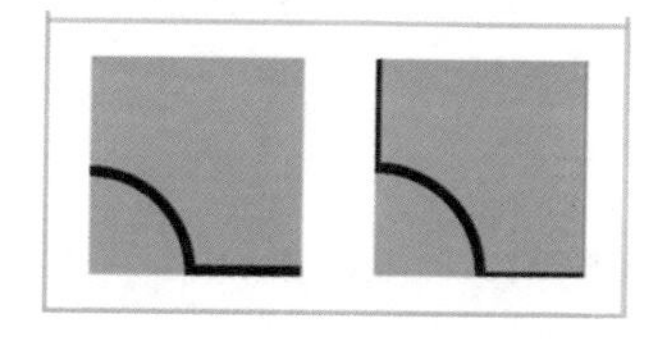

图5-46

单独组合分支路线和弧线路线，会形成新的循迹路线，如图5-47和图5-48所示。

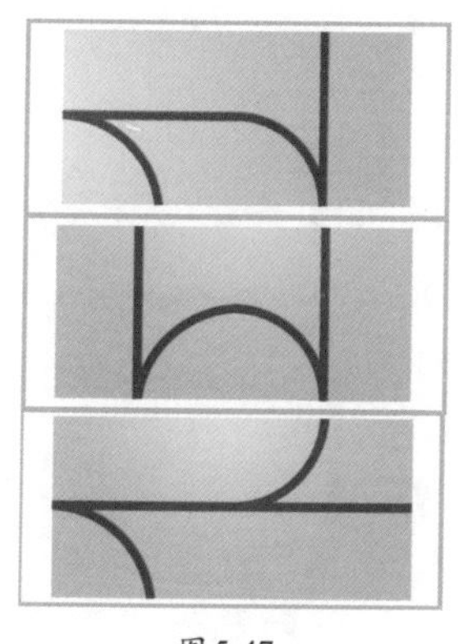

图5-47

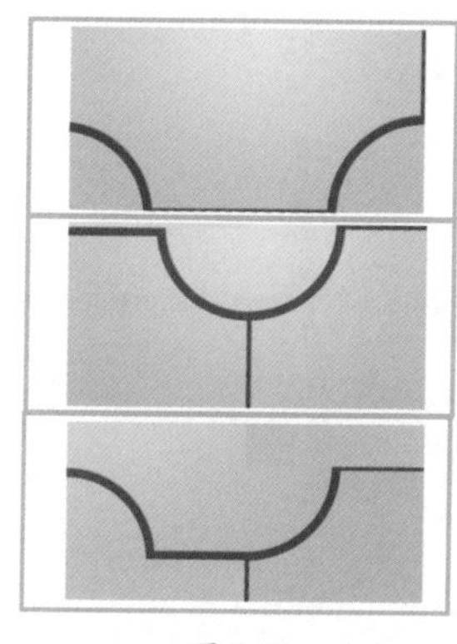

图5-48

5.3.2　组合循迹任务功能设计

根据以上内容，组合得到组合循迹任务的路线，在其中进行练习，通过编程让机器人到达终点。

组合循迹任务的路线示例如图5-49所示。

目标是使机器人直线循迹到达十字路口后，越过十字路口，继续循迹，右转到弧线上，前进到分叉处，左转到直线上，前进越过分叉处，前进到终点，如图5-50所示。参考主程序如图5-51所示。

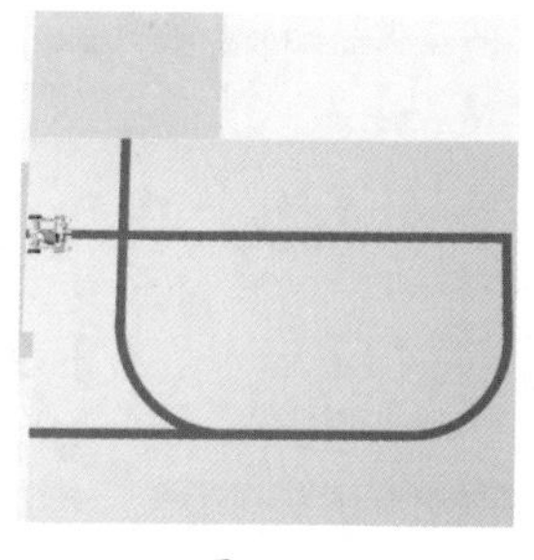

图5-49

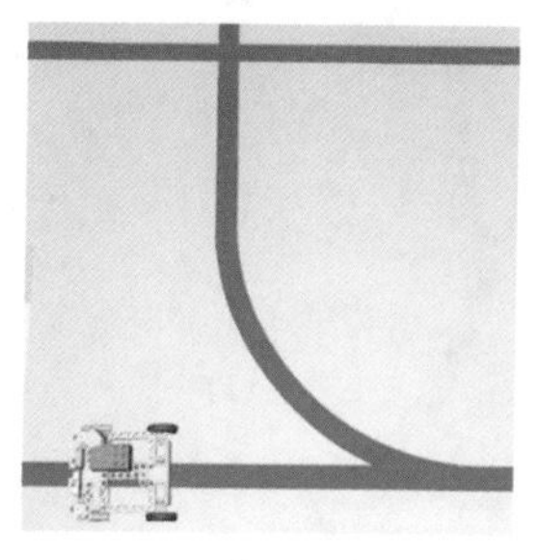

图5-50

接下来按照机器人进行的动作的顺序，分段讲解程序。

（1）直线循迹。机器人从起点直线循迹到十字路口。

（2）前进。机器人到达十字路口后，如图5-52所示，前进越过十字路口，到达黑线上，如图5-53所示。参考程序如图5-54所示。

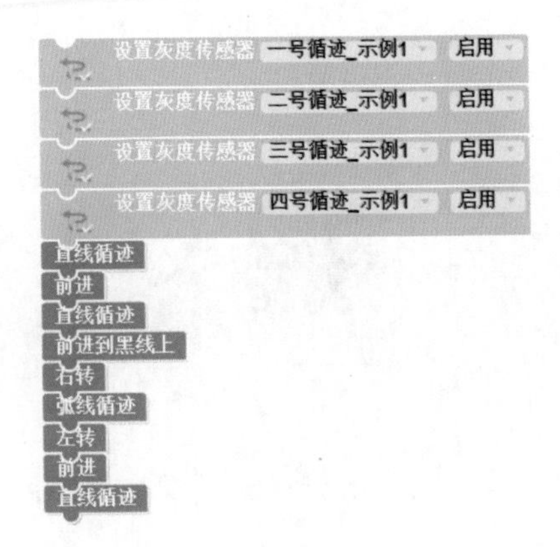

图5-51

图5-52

图5-53

图5-54

（3）直线循迹。机器人越过十字路口后，如图5-55所示，进行直线循迹，机器人的目标是到达转角处，如图5-56所示。参考程序如图5-57所示。

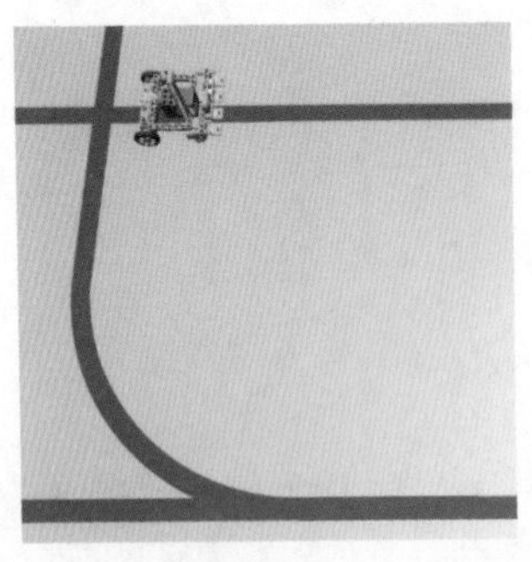

图5-55

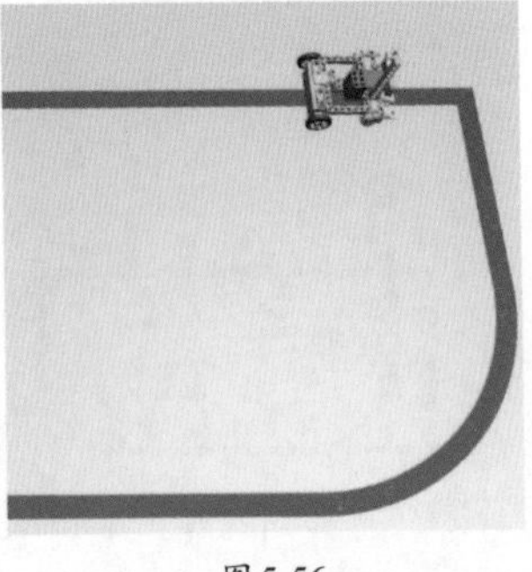

图5-56

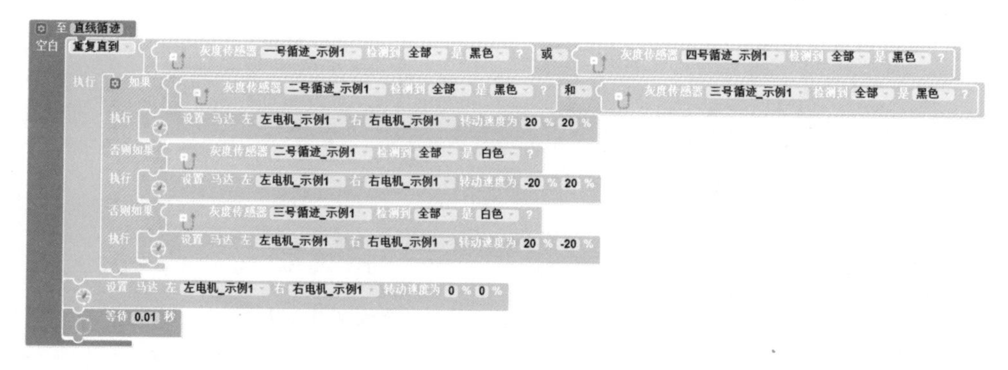

图 5-57

（4）前进到黑线上。机器人到达转角处，如图 5-58 所示，前进一段距离，如图 5-59 所示。参考程序如图 5-60 所示。

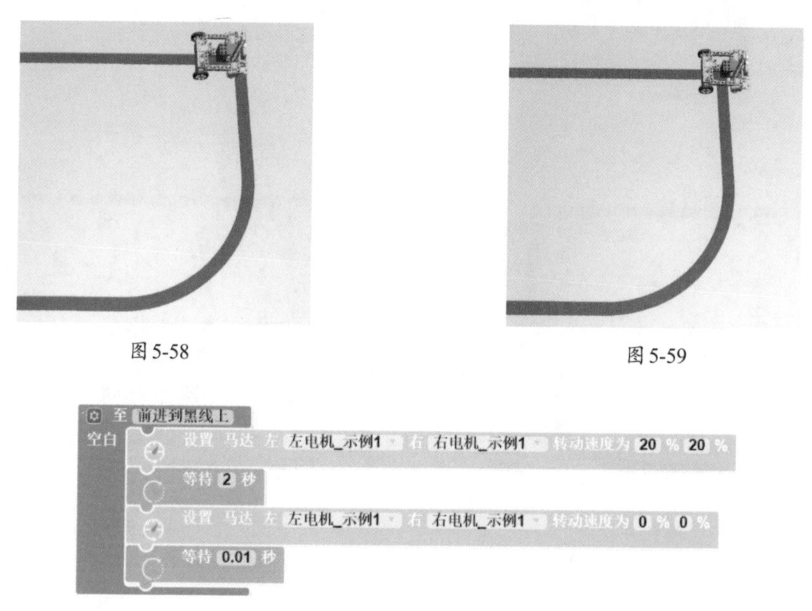

图 5-58

图 5-59

图 5-60

（5）右转。机器人在转角处右转，如图 5-61 所示和图 5-62 所示。参考程序如图 5-63 所示。

（6）弧线循迹。机器人到达弧线部分，开始进行弧线循迹，如图 5-64 所示，直到机器人到达分叉处，如图 5-65 所示。参考程序如图 5-66 所示。

（7）左转。机器人到达分叉处，因为其中心点偏右（机器人停止时其中心点会有一些偏右），如图 5-67 所示，所以机器人应该左转，如图 5-68 所示。参考程序如图 5-69 所示。

（8）前进，直线循迹。机器人前进一段距离，再前进到终点。

图 5-61

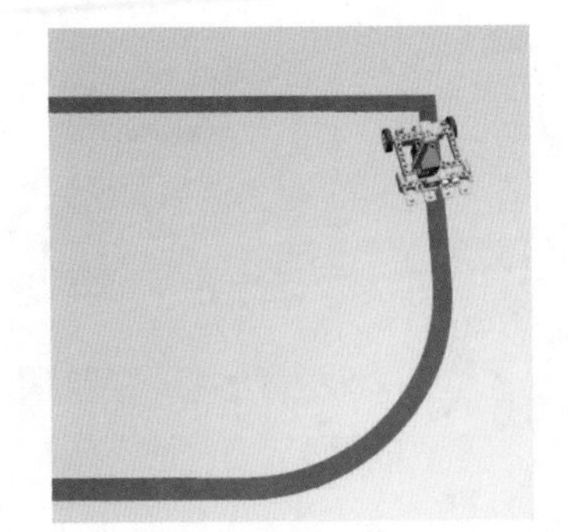

图 5-62

```
至 右转
空白
    设置 马达 左 左电机_示例1 右 右电机_示例1 转动速度为 10 % -10 %
    等待 4.4 秒
    设置 马达 左 左电机_示例1 右 右电机_示例1 转动速度为 0 % 0 %
    等待 0.01 秒
```

图 5-63

图 5-64

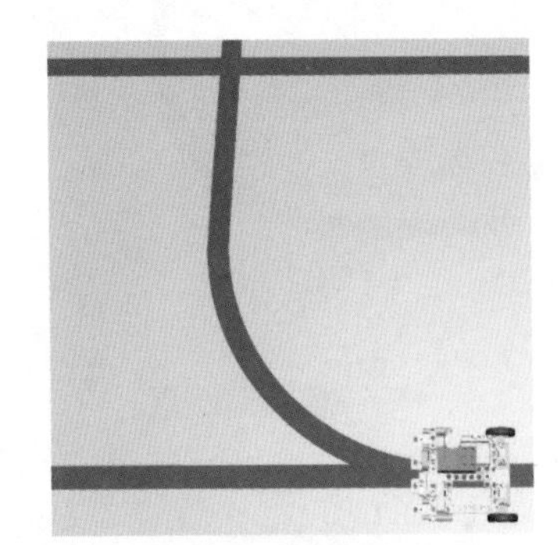

图 5-65

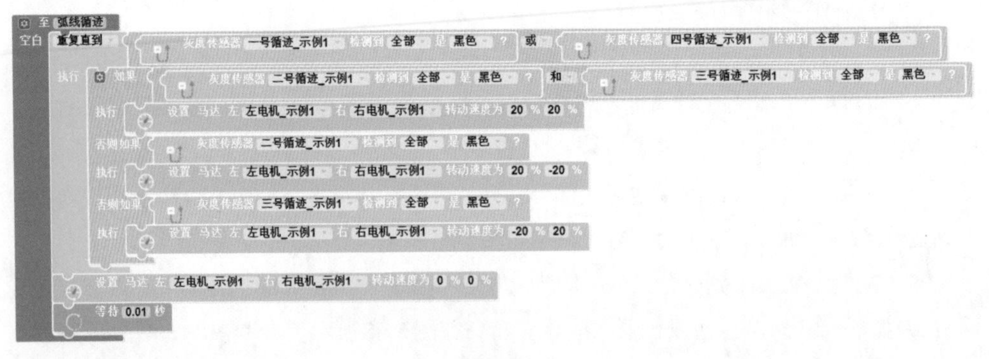

图 5-66

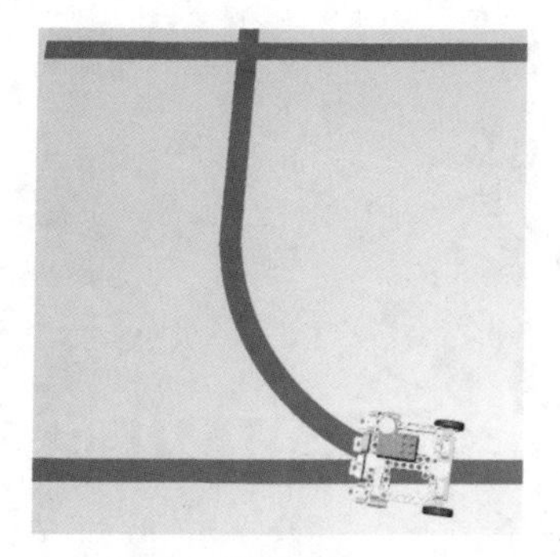

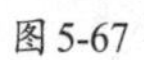

图 5-67

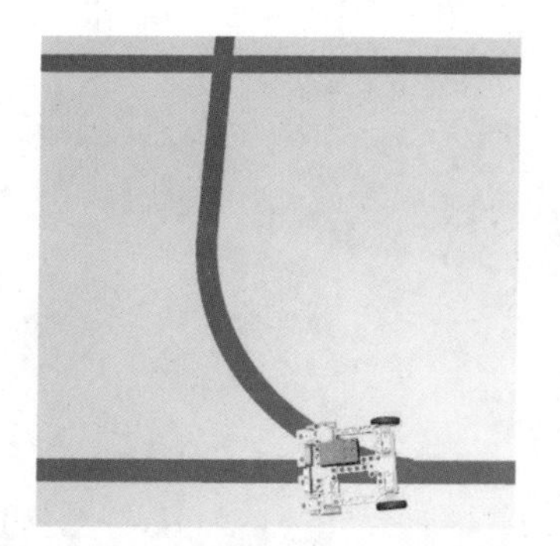

图 5-68

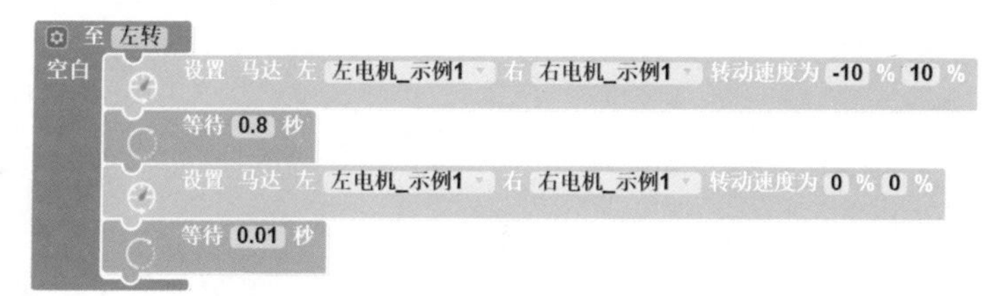

图 5-69

06

第6章 坐标定位功能设计

本章要点

- 获取坐标的操作方法。
- 单坐标坐标定位方式和多坐标定位方式。
- 斜向坐标定位方式的程序编写方法。
- 综合坐标定位方式。

6.1 单坐标定位功能设计

确保虚拟仿真机器人按照单坐标定位方式移动的首要任务是，了解位置传感器的工作原理以及获取坐标位置。随后，需为机器人编写沿指定坐标轴移动的程序，确保其能够准确无误地执行定位任务。

6.1.1 单坐标定位的基本原理

通过图6-1所示的机器人的三视图，观察位置传感器在机器人上的位置。

提示：帮助机器人进行定位的位置传感器一般在车头和车尾各安装一个。

位置传感器如图6-2所示，作为一种虚拟电子件，其核心功能在于定位虚拟空间中的坐标。

在进行人工智能三维仿真竞赛任务时，通常将机器人所在的场景视作一个三维环境。位置传感器能够捕捉并记录其当前位置对应的x、y、z这3个坐标数值。

通过在机器人上安装位置传感器，如图6-3所示，我们能够获取到x、y、z这3个坐标数值，通过这些坐标数值可以精确判断机器人的行进位置。

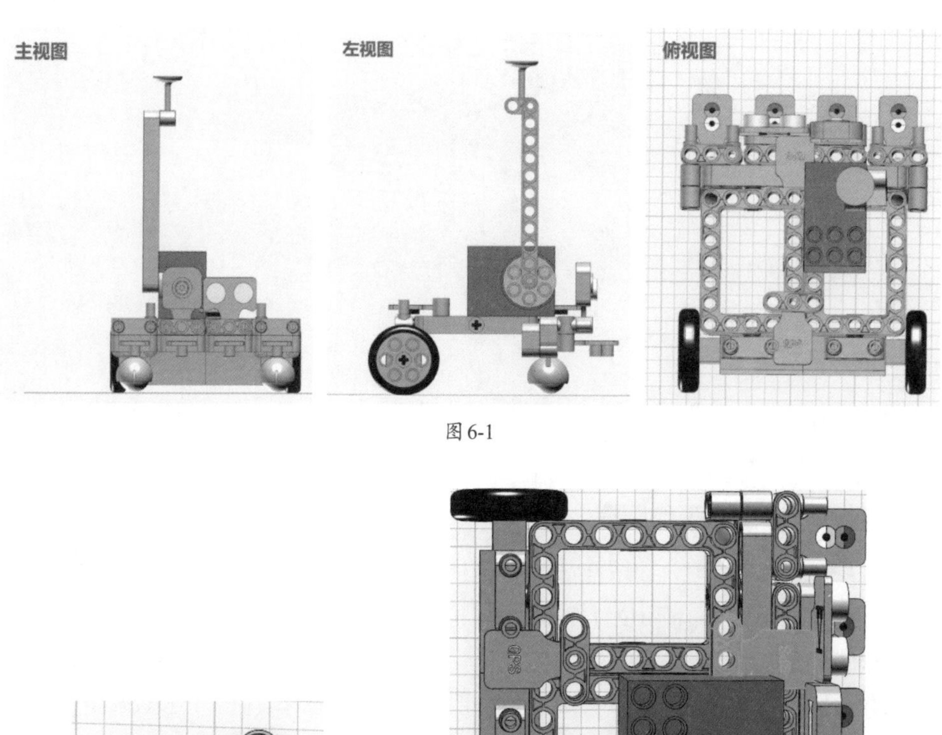

图 6-1

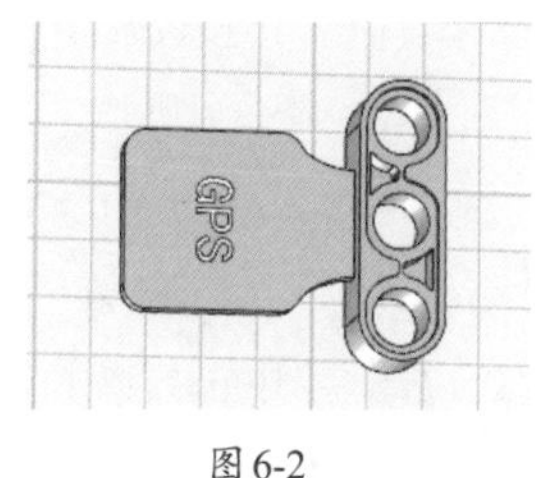

图 6-2

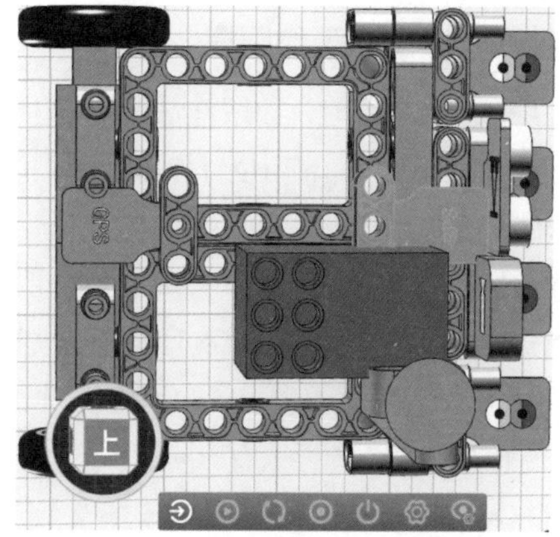

图 6-3

由于有三维坐标系的辅助，机器人的位置信息非常直观且易于理解。然而，一旦进入仿真环境，将看不到三维坐标系，此时将通过机器人运动的位置判定机器人行进的准确性。

单坐标定位指当机器人与目标点位于同一条坐标轴上时，机器人从当前位置开始，沿着目标点所在的方向，在单一的水平或竖直坐标轴上进行移动。这一过程如图6-4所示。

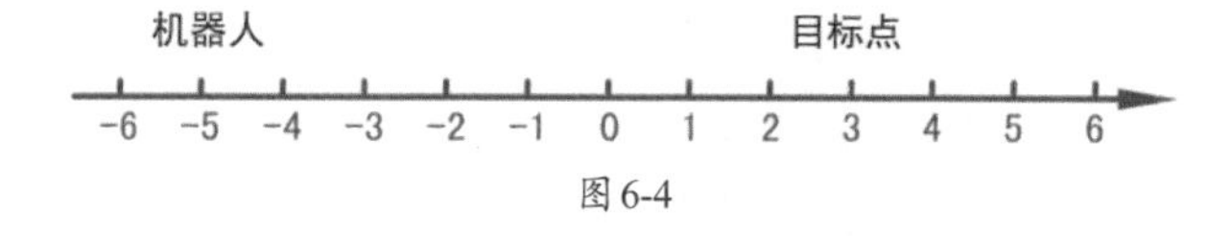

图 6-4

为确保机器人能够准确从原点*O*位置移动至坐标点*A*位置，如图6-5所示，需要使用简单的判断逻辑：机器人应首先沿*y*轴正方向行进，直至其位置传感器所读取的*y*坐标数值大于75，此时机器人应立刻停止。

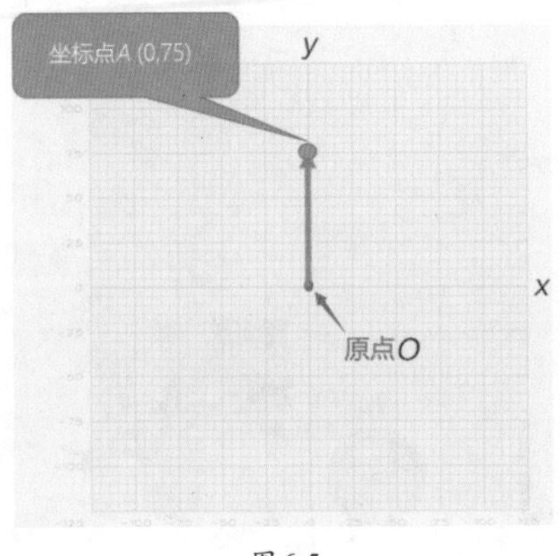

图 6-5

6.1.2 位置传感器的工作原理

在使用位置传感器时，必须首先在程序启动前进行位置传感器的初始化。为启用位置传感器，请按照图6-6所示的程序，在传感器模块中进行相应设置。

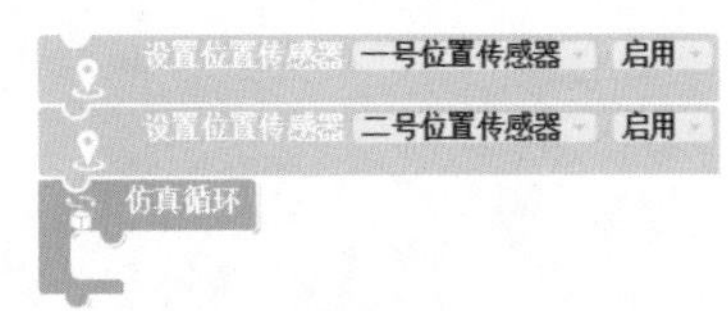

图 6-6

位置传感器在检测位置时具有瞬时性，因此，在设定坐标数值时，建议避免使用等于符号，而是使用大于符号、小于符号或指定取值范围。

6.1.3 坐标的表示方法

在3D One AI中，如何表示场景中任意点的坐标呢？此处以图6-7中正方体的视图中心点为例。此时，软件界面已展示该点的精确坐标，其坐标为(254.991, −33.048, 21)。

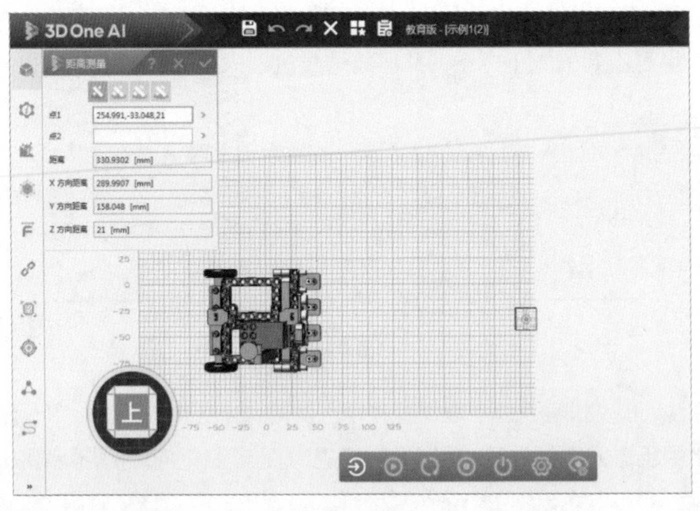

图 6-7

注意：坐标中的逗号用于区分x、y和z轴的坐标数值。在实际操作中，测量得到的坐标数值的小数点后可能会有多位数字。为简化数据处理过程和方便阅读，通常建议将小数点后的数字四舍五入，只保留一位小数。

6.1.4 单坐标定位功能设计

一、机器人行进到正方体处并停止

在“单坐标定位”场景文件中，可看到机器人位于空白场景中，其前方有一个正方体，如图6-8所示。该图是机器人的初始位置图。

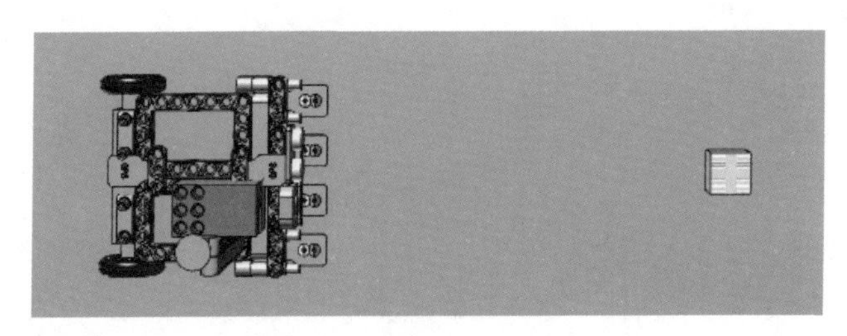

图6-8

接下来，进行以下程序编辑。

（1）在程序开始位置放置“虚拟传感器”模块中的“设置位置传感器启用”模块。

（2）在循环中放置“重复直到”模块，并设置判断条件和满足条件时执行的操作：一号位置传感器的x坐标数值大于122时，在执行部分放置设置左右两侧马达的转动速度为50%的模块。

（3）在“重复直到”模块外部，设置左右两侧马达的转动速度为0%，如图6-9所示。

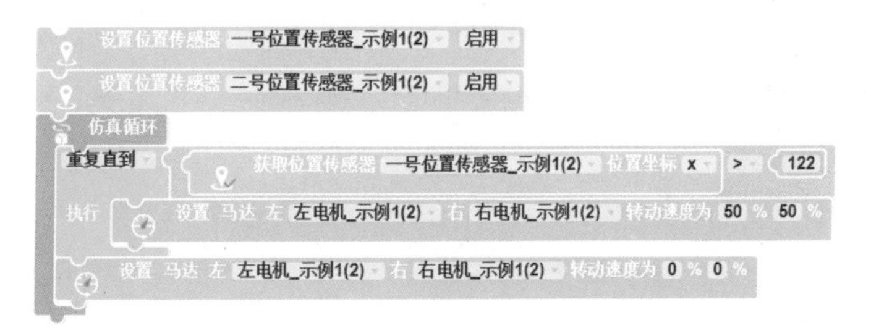

图6-9

二、拓展编程

当机器人朝正方体所在的方向行进时，其实质是沿着y=40这一特定坐标线进行线性运动。

为了让机器人以直线方式行进至x=122的位置，我们可以通过编程手段来确保在这一过

程中，机器人始终沿着y=40坐标线行进。这一过程中，机器人将持续移动，直至它精确到达正方体的所在位置。这一过程如图6-10所示。

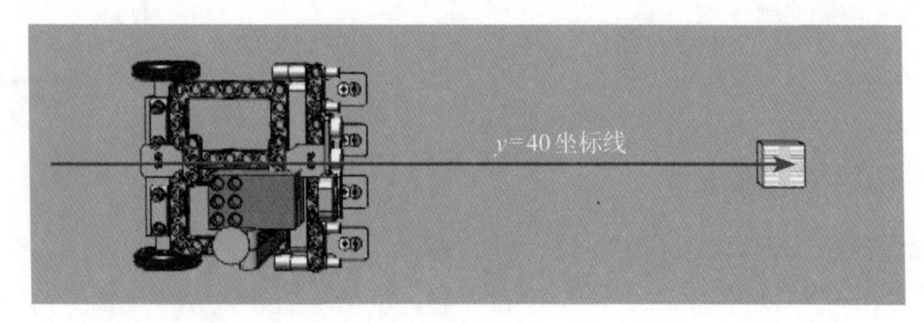

图6-10

首先初始化位置传感器，在程序开始位置放置“虚拟传感器”模块中的“设置位置传感器启用”模块。

然后在循环中放置“重复直到”模块，并增加如下判断条件。如果一号位置传感器的x坐标数值大于122，并在执行部分设置满足条件时执行的操作：如果位置传感器的y坐标数值小于−121，设置左右两侧马达的转动速度分别为30%、60%；如果位置传感器的z坐标数值大于−119，设置左右两侧马达的转动速度分别为60%、30%；不满足以上条件时设置左右两侧马达的转动速度为50%。程序如图6-11所示。

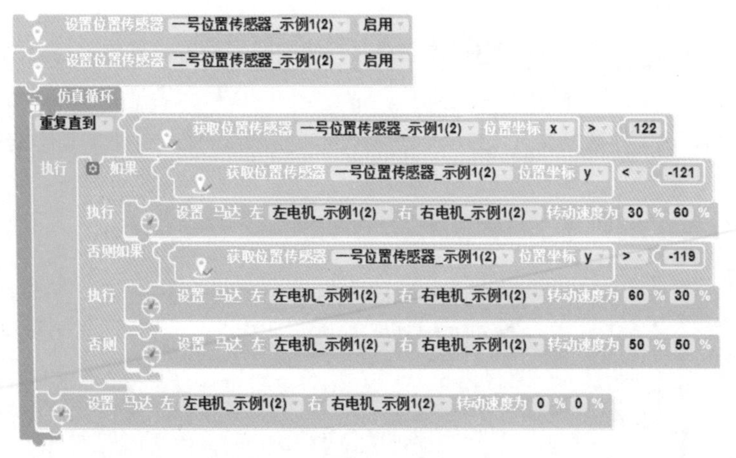

图6-11

6.2 多坐标定位功能设计

如果想让虚拟仿真机器人按照多坐标定位方式进行移动，首先要认真理解坐标的获取和多坐标定位的基本原理，然后给机器人设计多坐标定位的程序指令。

6.2.1 坐标的获取和多坐标定位的基本原理

在3D One AI中，如何获取场景中任意点的坐标？我们可采取以下步骤。

（1）单击软件界面左上角“基本编辑”中的“距离测量”按钮，开启距离测量功能。

（2）将鼠标指针移动至需测量坐标的目标点。

此时，软件将自动显示该点的精确坐标。如图6-12所示，该点的精确坐标为(5.535, −13.702, 6.1)。

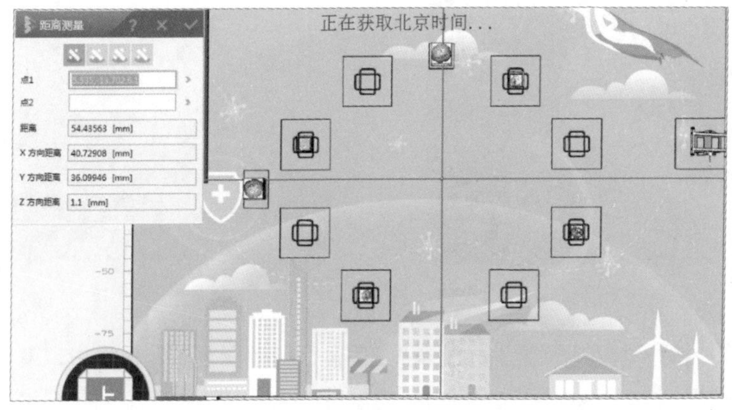

图6-12

多坐标定位即当机器人与目标点不在同一坐标轴方向时，机器人自当前位置起，先沿某一坐标轴方向移动，继而沿另一坐标轴方向移动，如图6-13所示。

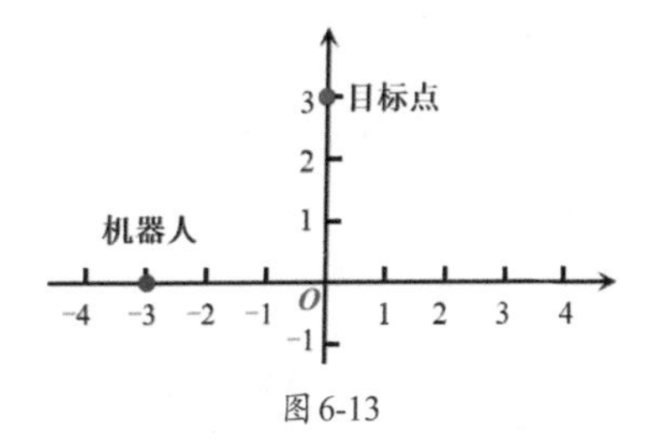

图6-13

如果想让机器人从原点O位置移动到坐标点A位置，可以使用如下简单的判断逻辑。

（1）机器人先沿着y轴正方向前进，当位置传感器所读取的y坐标数值大于75时机器人停止。

（2）机器人停止后，向左转动90°。

（3）机器人沿着$y=75$坐标线继续前进，当位置传感器所读取的x坐标数值小于−100时机器人停止，如图6-14所示。

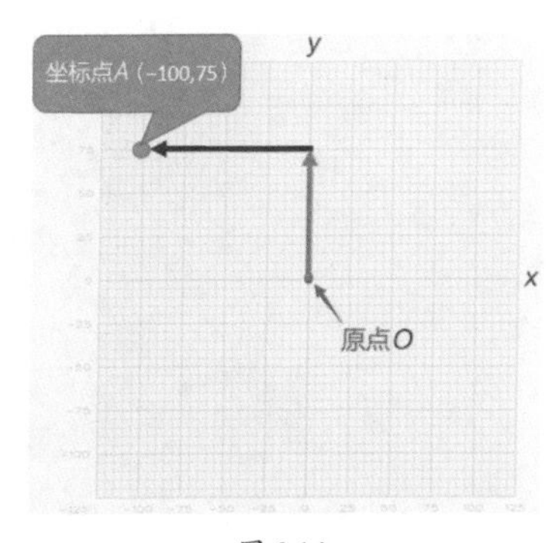

图6-14

机器人能够直接从原点到达A点，虽然这在技术上可行，但需要使用更为复杂的算法进行计算。

6.2.2 多坐标定位功能设计

一、机器人行进到左上方并停止

首先，打开“左上-多坐标定位”场景文件。此时，如图6-15所示，机器人在空白场景中，左上方有一个正方体，其坐标为(−170, 80, 20)。

其次，在程序开始位置放置“虚拟传感器”模块中的“设置位置传感器启用”模块，如图6-16所示。

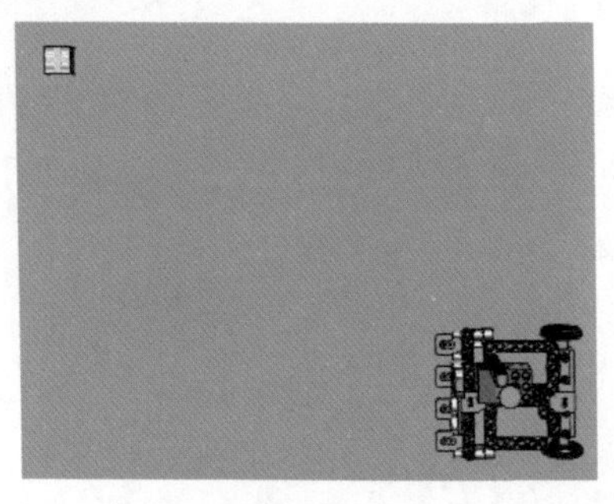

图6-15

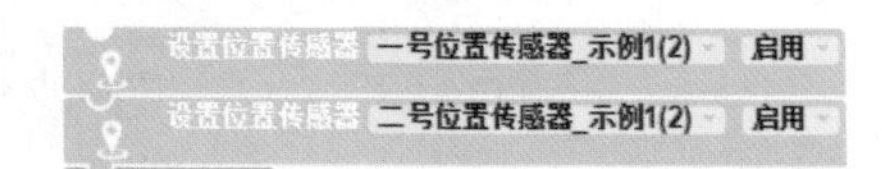

图6-16

在循环中放置3个“重复直到”模块。在第1个“重复直到”模块中，增加判断条件：一号位置传感器的x坐标数值小于−170。并在执行部分设置满足条件时执行的操作：如果一号位置传感器的y坐标数值等于−170，设置左右两侧马达的转动速度分别为8和−8；如果一号位置传感器的y坐标数值大于−170，设置左右两侧马达的转动速度分别为0和−8；如果一号位置传感器的y坐标数值小于−170，设置左右两侧马达的转动速度分别为8和0。以实现机器人沿着y=−170坐标线向左行进到车头的一号位置传感器的x坐标数值为−170的位置，如图6-17所示。

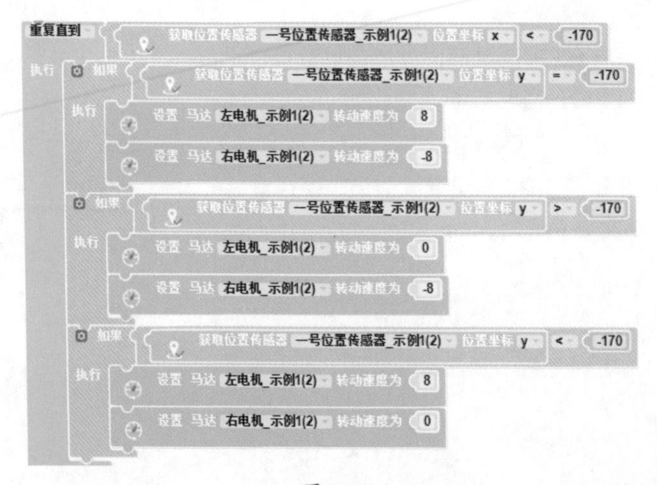

图6-17

在第2个“重复直到”模块中，增加新的判断条件：一号位置传感器的x坐标数值大于等于−170。并在执行部分设置满足条件时执行的操作：设置左右两侧马达的转动速度分别为8和−2，以实现机器人右转，如图6-18所示。

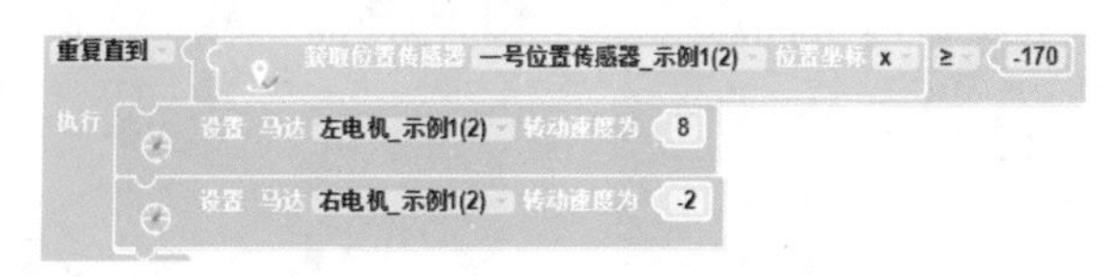

图6-18

在第3个“重复直到”模块中，增加判断条件：一号位置传感器的y坐标数值大于80。并在执行部分设置满足条件时执行的操作：如果一号位置传感器的x坐标数值等于−170，设置左右两侧马达的转动速度分别为8和−8；如果一号位置传感器的x坐标数值大于−170，设置左右两侧马达的转动速度分别为0和−8；如果一号位置传感器的x坐标数值小于−170，设置左右两侧马达的转动速度分别为8和0。以实现机器人沿着x=−170坐标线向上行进到车头的一号位置传感器的y坐标数值为80的位置。

最后，在“重复直到”模块外部设置左右两侧马达的转动速度为0，如图6-19所示。

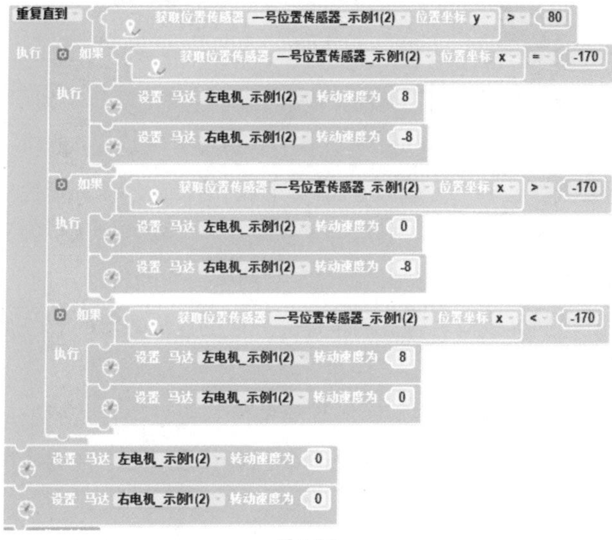

图6-19

二、机器人行进到右上方并停止

首先，打开“右上-多坐标定位”场景文件。此时，如图6-20所示，机器人在空白场景中，其一号位置传感器坐标为(−110, −170, 40)，右上方有一个正方体，其坐标为(170, 80, 20)。

如何让机器人行进到目标点位置呢？

可以让机器人先沿着y=−170坐标线向右移动，然后在到达坐标(170, −170, 20)时左转，最后沿着x=170坐标线向上移动，如图6-21所示。

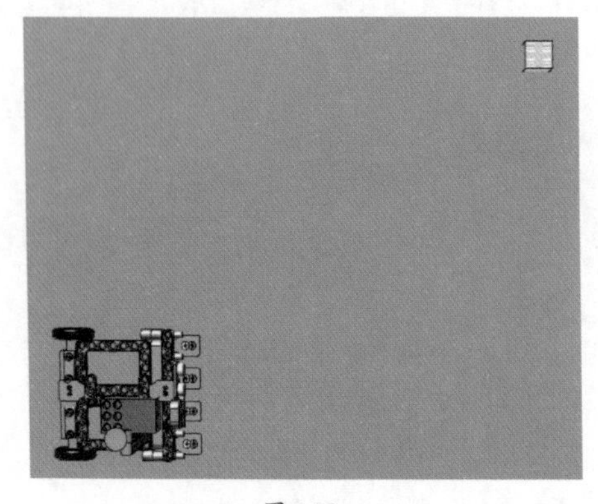

图6-20

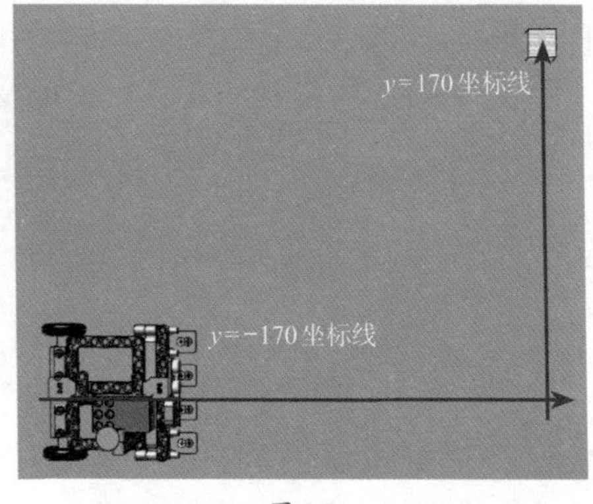

图6-21

在程序开始位置放置“虚拟传感器”模块中的“设置位置传感器启用”模块，参考程序如图6-22所示。

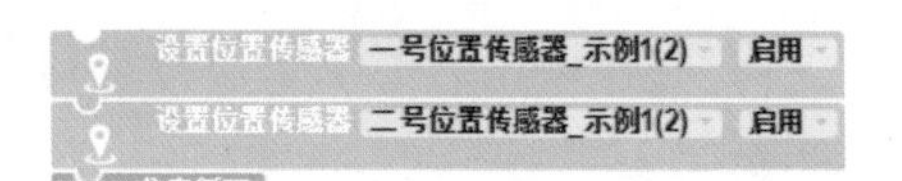

图6-22

在循环中放置3个“重复直到”模块。在第1个“重复直到”模块中，增加判断条件：一号位置传感器的x坐标数值大于170。并在执行部分设置满足条件时执行的操作：如果位置传感器的y坐标数值等于−170，设置左右两侧马达的转动速度分别为8和−8；如果一号位置传感器的y坐标数值大于−170，设置左右两侧马达的转动速度分别为0和−8；如果一号位置传感器的y坐标数值小于−170，设置左右两侧马达的转动速度分别为8和0。以实现机器人沿着y=−170坐标线向右行进到车头的一号位置传感器的x坐标数值为−170的位置，参考程序如图6-23所示。

在第2个“重复直到”模块中，增加判断条件：一号位置传感器的x坐标数值大于等于170。并在执行部分设置满足条件时执行的操作：设置左右两侧马达的转动速度分别为−2和−8。实现机器人左转，如图6-24所示。

在第3个“重复直到”模块中，增加判断条件：一号位置传感器的y坐标数值大于80。并在执行部分设置满足条件时执行的操作：如果一号位置传感器的x坐标数值等于170，设置左右两侧马达的转动速度分别为8和−8；如果一号位置传感器的x坐标数值大于170，设置左右两侧马达的转动速度分别为0和−8；如果一号位置传感器的x坐标数值小于170，设置左右两侧马达的转动速度分别为8和0。实现机器人沿着x=170坐标线向上行进到车头的一号位置传感器的y坐标数值为80的位置。

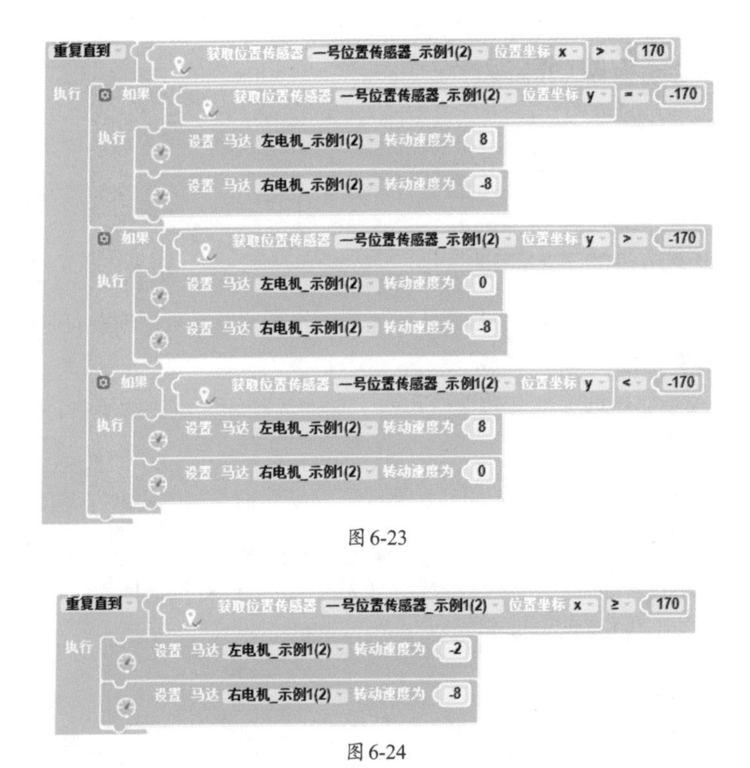

图 6-23

图 6-24

最后在“重复直到”模块外部设置左右两侧马达的转动速度为0，参考程序如图6-25所示。

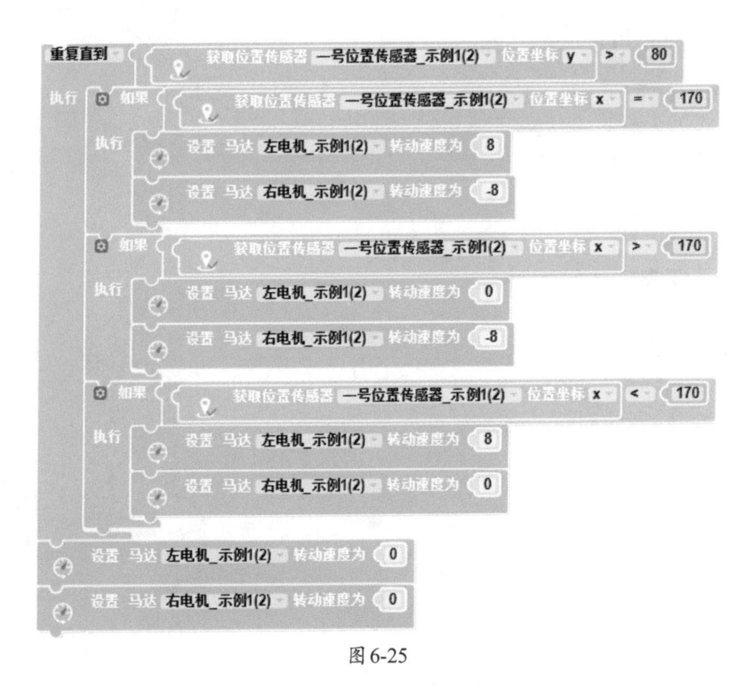

图 6-25

6.3 斜向坐标定位功能设计

如果想让虚拟仿真机器人按照斜向坐标定位方式移动，首先要了解斜向坐标定位的基本原理，然后给机器人设计斜向坐标定位的程序指令。

6.3.1 斜向坐标定位的基本原理

斜向坐标定位即当机器人与目标点不处于同一水平或竖直坐标轴方向时，如图6-26所示，将依据一条一次函数直线进行定位。

在行进过程中，机器人遇到斜向路线时，如何移动才能更好解决行进过程中的定位问题？

在设计机器人和目标点不处于同一水平或竖直坐标轴方向的移动方案时，如图6-27所示，需要考虑如下内容。（1）使用单坐标定位方式和多坐标定位方式，能否解决机器人行进过程中的定位问题？有没有更好的方式？（2）图纸上没有现成的黑色用以循迹，如何编程？

图6-26

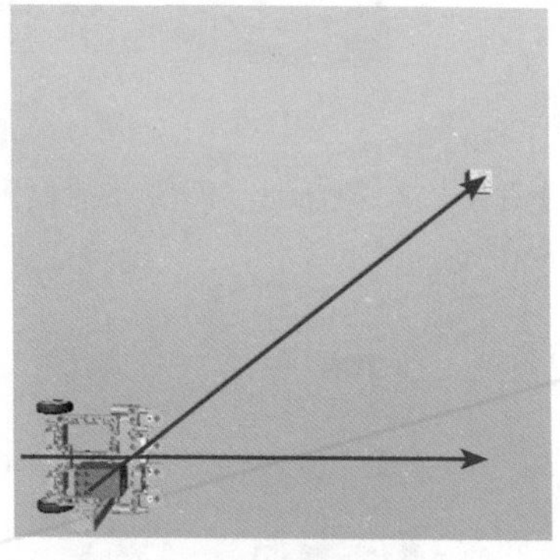

图6-27

6.3.2 斜向坐标定位功能设计

在斜向坐标定位时，使用位置传感器检测两个向量极坐标角度以判断机器人在行进过程中的位置，控制机器人按照设定的路线移动。

一、机器人向右上方移动

首先，打开“右上-斜向坐标定位”场景文件。此时，如图6-28所示，机器人在场景左下方，车头朝右侧。

图6-28

初始化位置传感器，在程序开始位置放置“虚拟传感器”模块中的“设置位置传感器启用”模块。

在循环中放置“重复直到”模块，在其中增加判断条件y坐标数值大于80，在执行部分放置两个向量极坐标角度的赋值模块和两个根据向量极坐标角度的大小判断来设置马达转动速度的执行模块。最后设置左右两侧马达的转动速度为0。参考程序如图6-29所示。

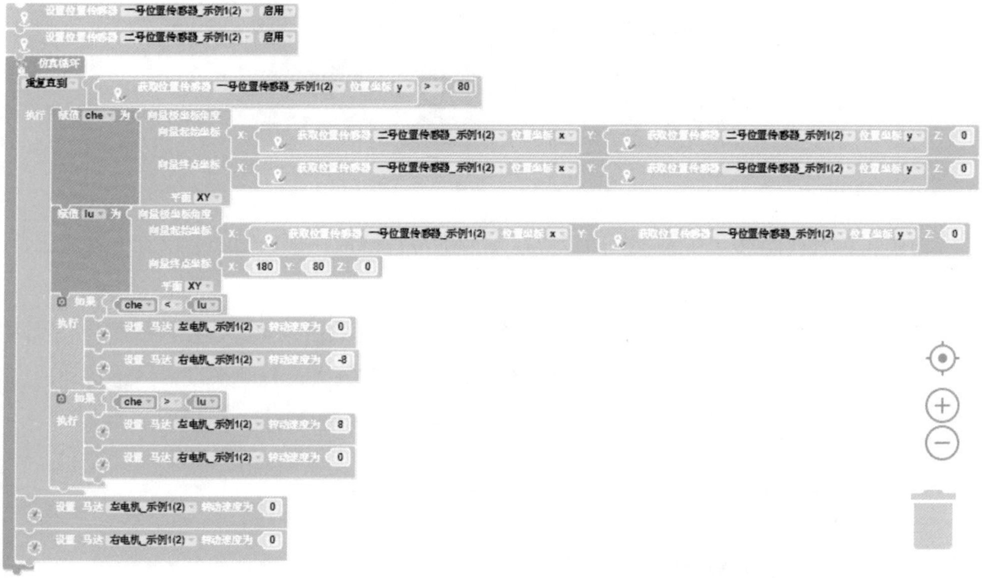

图6-29

注意：

（1）在向量极坐标角度的赋值模块：名为che的向量极坐标角度是由机器人尾部坐标指向机器人头部坐标；名为lu的向量极坐标角度是由机器人头部坐标指向目标点坐标。（2）在两个根据向量极坐标角度的大小判断来设置马达转动速度的执行模块：当名为che的向量极坐标角度小于名为lu的向量极坐标角度时，机器人稍向左转；当名为che的向量极坐标角度大于名为lu的向量极坐标角度时，机器人稍向右转。

当车头处的一号位置传感器的y坐标数值大于80时，在“电子件”模块中设置左右两侧马达的转动速度为0，使机器人停止。

二、机器人向左上方移动

首先，打开“左上－斜向坐标定位”场景文件。此时，如图6-30所示，机器人在场景右下方，车头朝左侧。

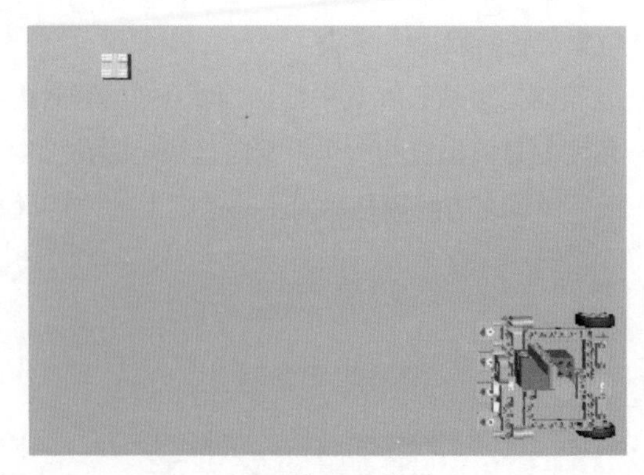

图 6-30

初始化位置传感器，在程序开始位置放置“虚拟传感器”模块中的“设置位置传感器启用”模块。

在循环中放置“重复直到”模块，增加判断条件y坐标数值大于80，在执行部分放置两个向量极坐标角度的赋值模块和两个根据向量极坐标角度的大小判断来设置马达转动速度的执行模块。最后设置左右两侧马达的转动速度为0。参考程序如图6-31所示。

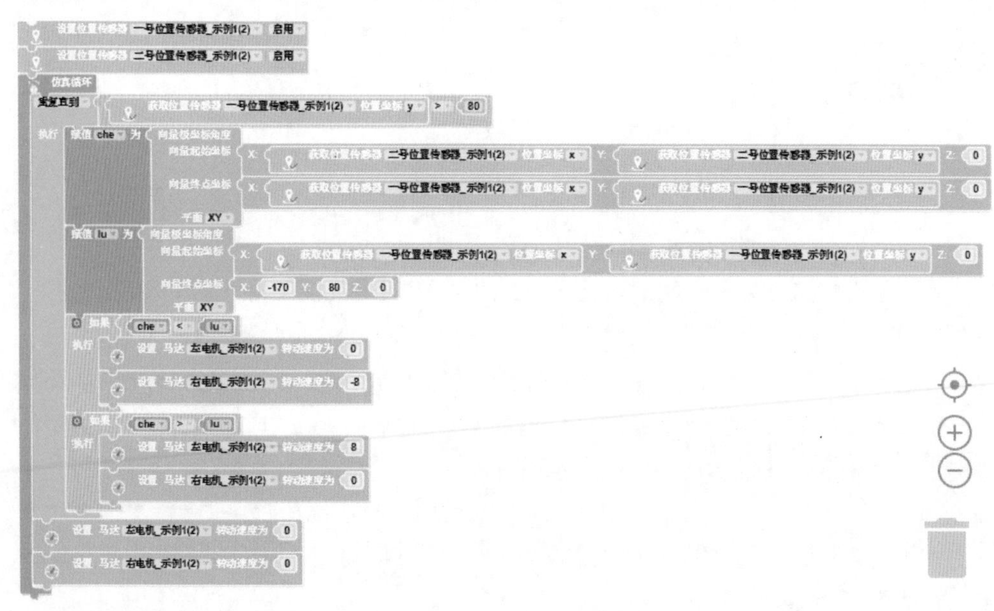

图 6-31

三、机器人向左下方移动

首先，打开“左下-斜向坐标定位”场景文件。此时，如图6-32所示，机器人在场景右上方，车头朝左侧。

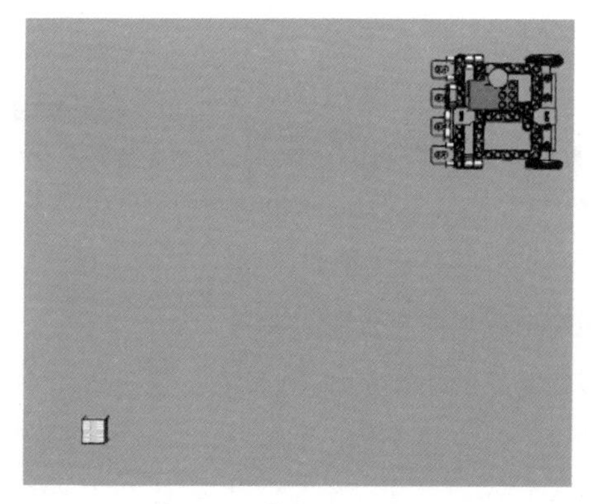

图 6-32

初始化位置传感器，在程序开始位置放置“虚拟传感器”模块中的“设置位置传感器启用”模块。

在循环中放置“重复直到”模块，增加判断条件y坐标数值小于−150，在执行部分放置两个向量极坐标角度的赋值模块和两个根据向量极坐标角度的大小判断来设置马达转动速度的执行模块。最后设置左右两侧马达的转动速度为0。参考程序如图6-33所示。

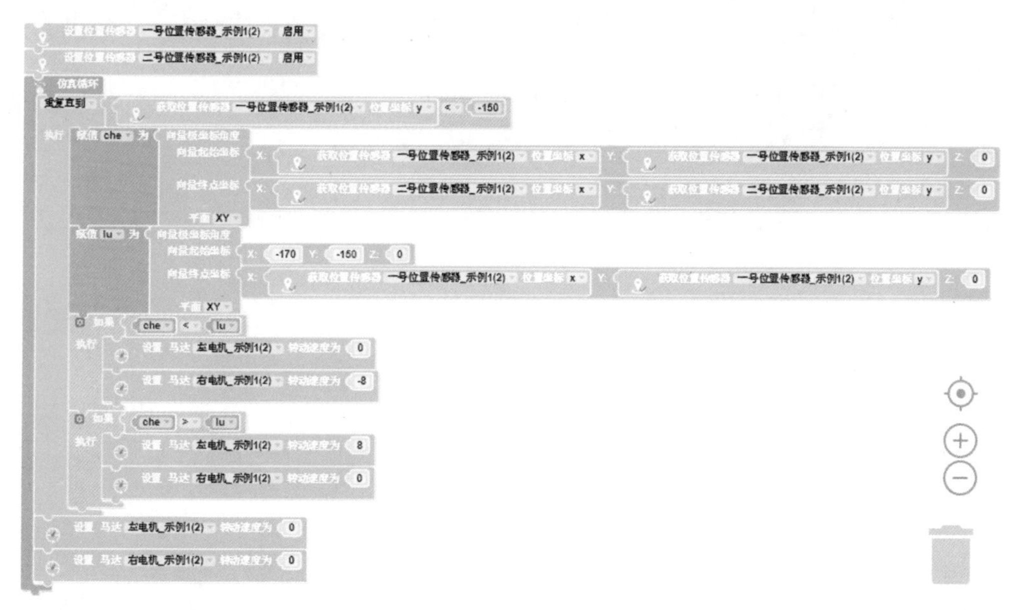

图 6-33

当车头处的一号位置传感器的y坐标数值小于−150时，在“电子件”模块中设置左右两侧马达的转动速度为0，使机器人停止。

四、机器人向右下方移动

首先，打开“右下-斜向坐标定位”场景文件。此时，如图6-34所示，机器人在场景左上方，车头朝右侧。

初始化位置传感器，在程序开始位置放置“虚拟传感器”模块中的“设置位置传感器启用”模块。

循环中放置“重复直到”模块，增加判断条件y坐标数值小于-150，在执行部分放置两个向量极坐标角度的赋值模块和两个根据向量极坐标角度的大小判断来设置马达转动速度的执行模块。最后设置两侧马达的转动速度为0。参考程序如图6-35所示。

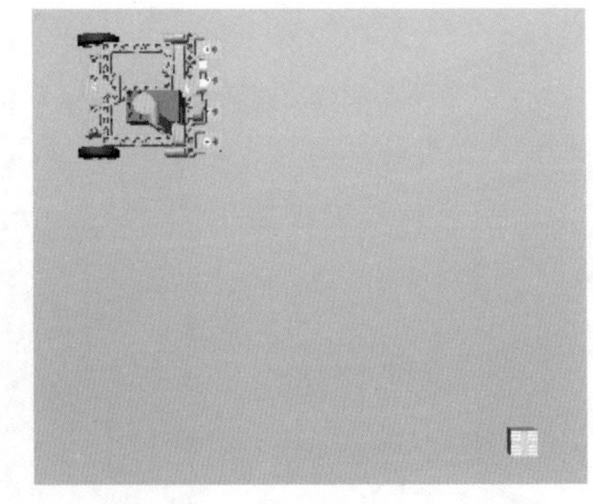

图6-34

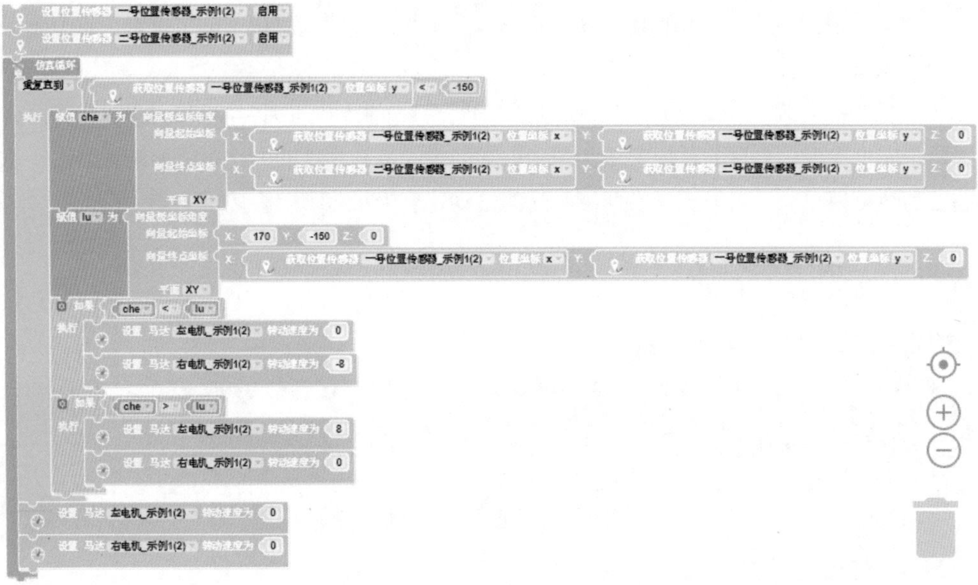

图6-35

6.4 坐标定位功能综合设计

如果想让虚拟仿真机器人综合运用单坐标定位、多坐标定位、斜向坐标定位方式（即运用综合坐标定位方式）行进，首先要对坐标定位方式进行综合分析，合理选择适当的坐标定位方式，对行进路线做好规划，然后给机器人设计综合坐标定位的程序指令。

6.4.1 坐标定位方式综合分析

前面已经介绍了常见坐标定位方式：单坐标定位、多坐标定位、斜向坐标定位。下面综合分析这3种常见坐标定位方式。

打开“坐标定位综合运用”场景文件，如图6-36所示，本循迹任务中出现多个目标点，且这些目标点是散乱分布的。此时，如何设计机器人的行进方案？

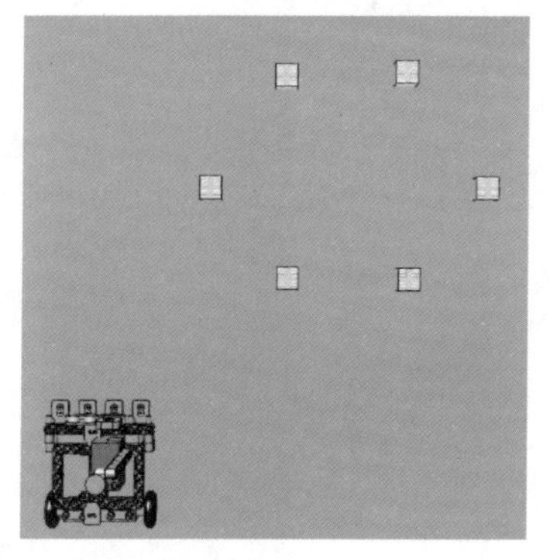

图6-36

在设计机器人的行进方案时需要考虑如下内容。（1）如何规划行进路线，使机器人的总路线更短？（2）多种坐标定位方式综合运用时，如何编程？（3）如何让程序更简洁？

6.4.2 综合坐标定位路线规划

在程序中指定4个方向，根据指定方向设定x坐标数值及y坐标数值，并将其代入仿真循环中，如图6-37所示。

首先，新建变量并为变量赋值，对用到的变量进行全局声明，如图6-38所示。

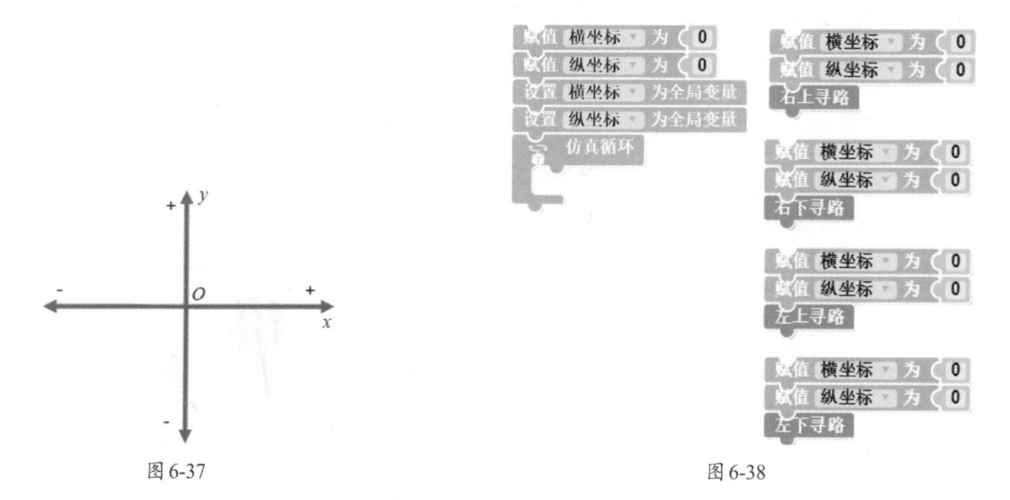

图6-37　　　　图6-38

然后分别编写“右上寻路”“右下寻路”“左上寻路”“左下寻路”4个函数，以备调用，如图6-39和图6-40所示。

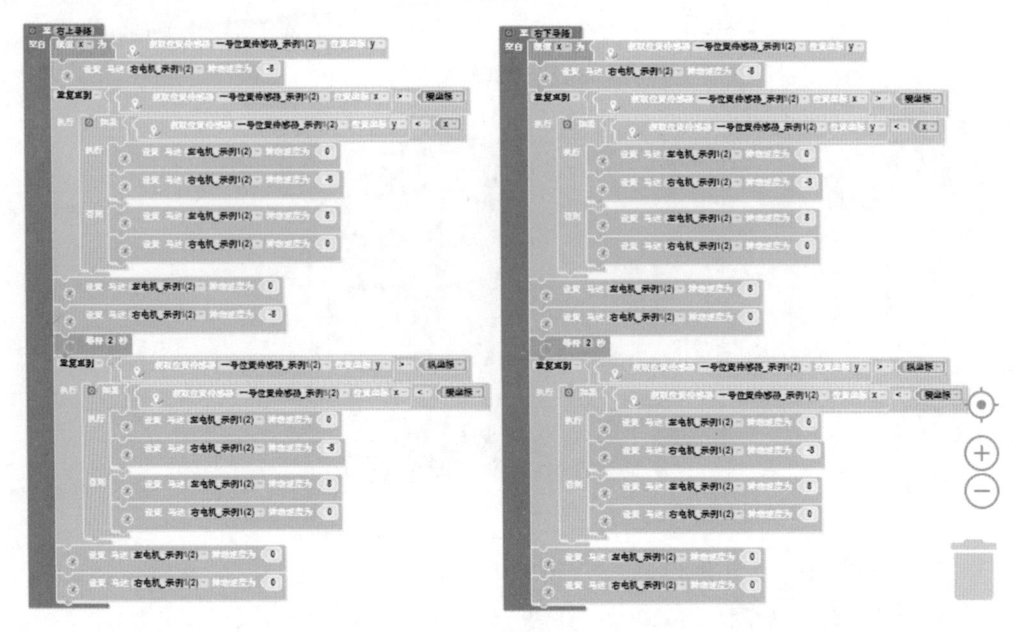

图 6-39

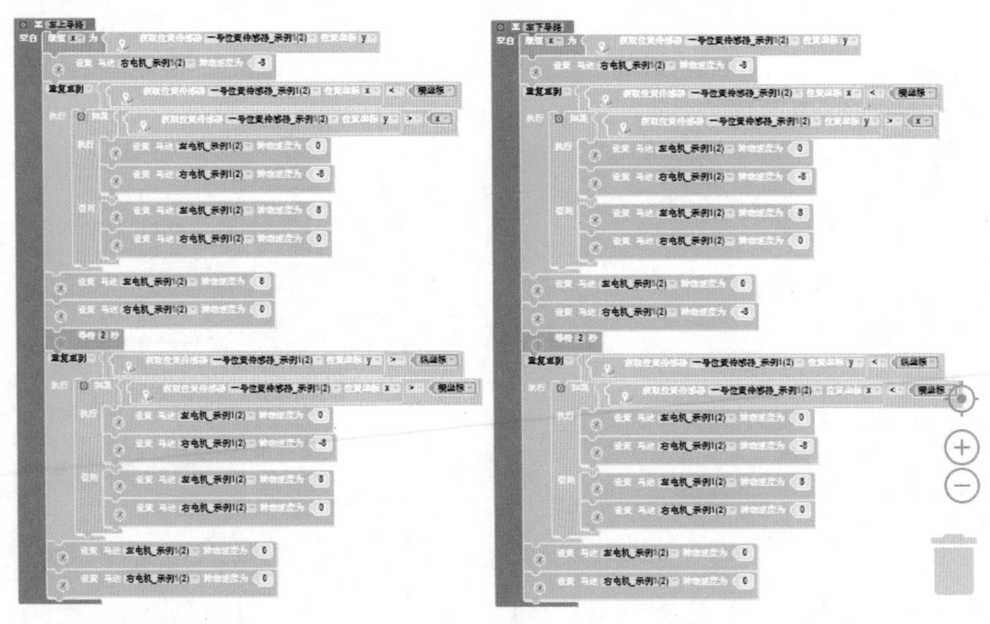

图 6-40

通过函数模块将机器人的各种运动状态对应的程序进行简化，如图 6-41 所示。

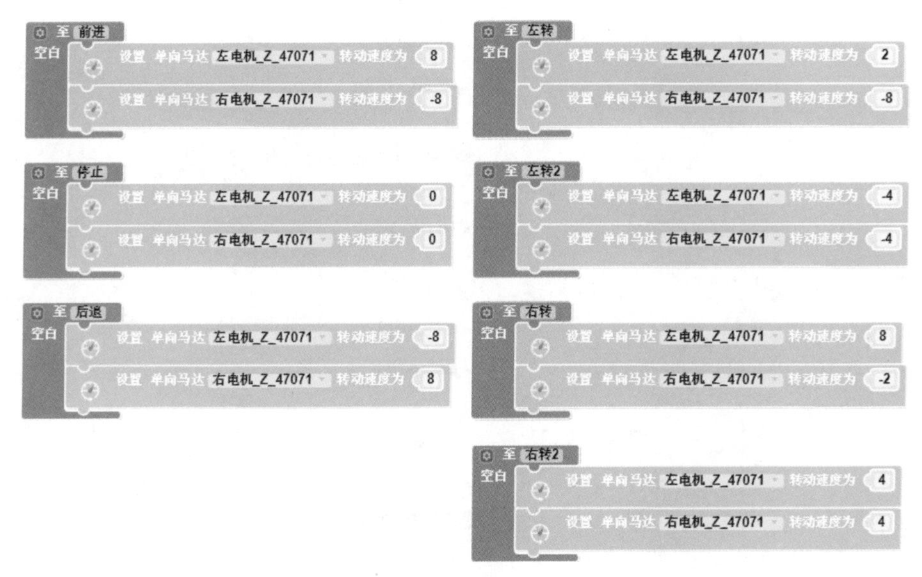

图6-41

随后，可以将机器人的行进方案分解成使用单坐标定位、多坐标定位和斜向坐标定位的多段任务，如图6-42所示。

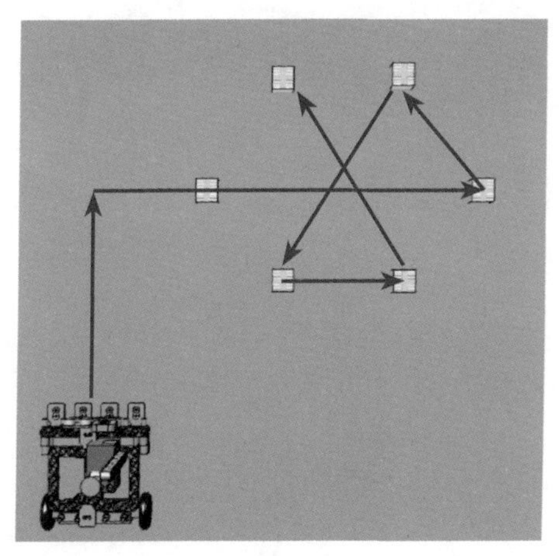

图6-42

6.4.3 综合坐标定位功能设计

综合分析第一段任务，该任务分为以下两个阶段。第一个阶段：要求机器人沿y轴方向移动，直至其y坐标数值大于−85。第二个阶段：机器人需沿x轴方向移动，直至其x坐标数值超过90。参考程序如图6-43所示。

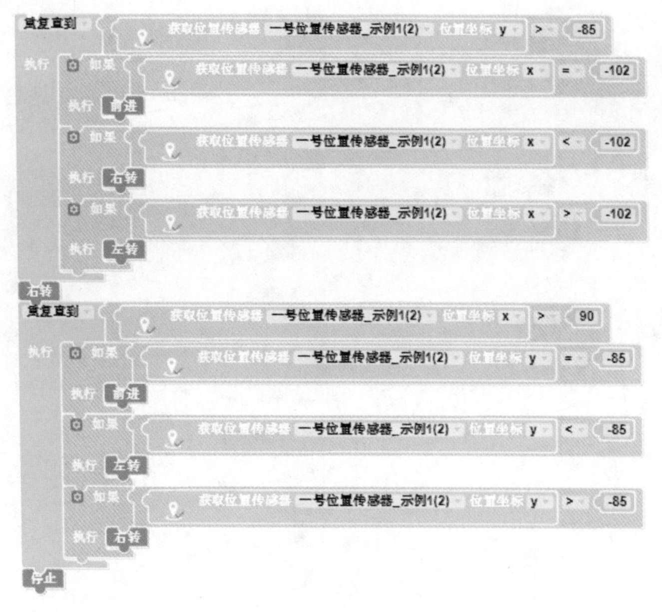

图 6-43

通过对前面内容的学习，相信读者应该能编写出剩余分段任务的程序代码，快试一试吧！

07 第7章 AI功能设计

本章要点

- 图像识别的基本原理及实现流程。
- 机器学习的基本原理及实现流程。
- 图像循路的基本原理及实现流程。
- 竞赛中AI功能的组合运用场景及综合设计。

7.1 图像识别功能设计

让机器人正确识别条码信息的关键在于理解条码识别的基本原理，并使用正确的图像识别模块按照流程完成识别任务。

7.1.1 图像识别的基本原理

哪一个电子件可以使机器人实现图像识别功能呢？通过观察图7-1所示的机器人三视图，我们可以共同找出答案。

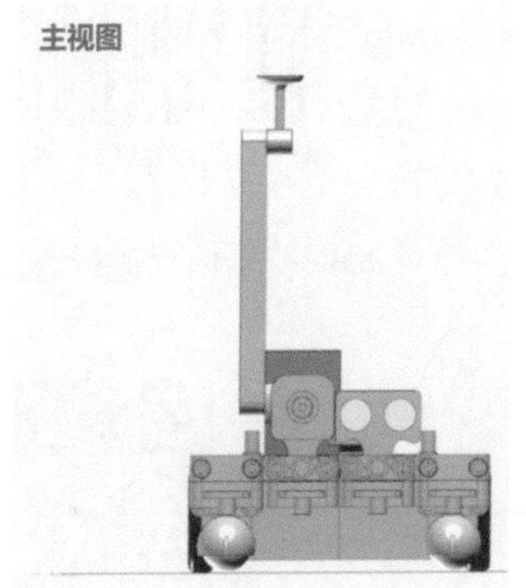

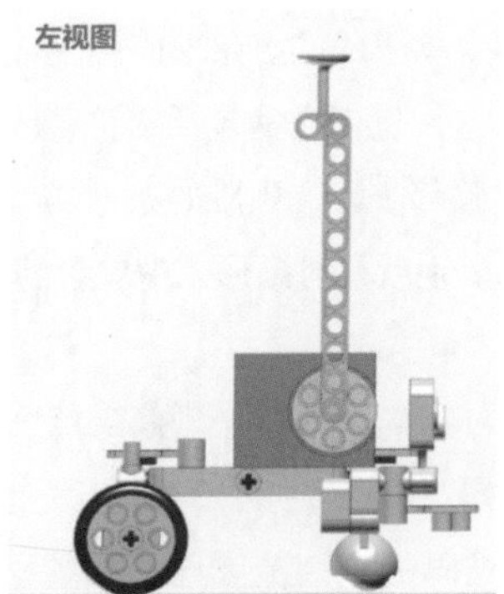

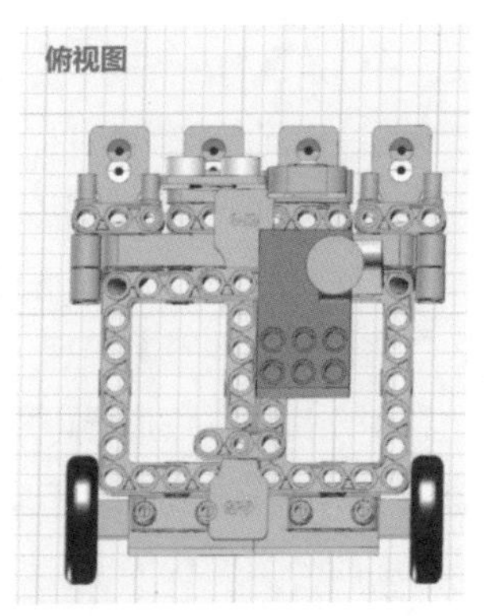

图7-1

提示：机器人识别图像的部分就和人类的眼睛一样，需要“目视前方”。

图7-2所示的机器人上安装的摄像头就是我们要寻找的电子件，该电子件被形象地称为机器人的“眼睛”。正是依赖这一模块，机器人得以实现对外部环境的有效感知与精确识别。

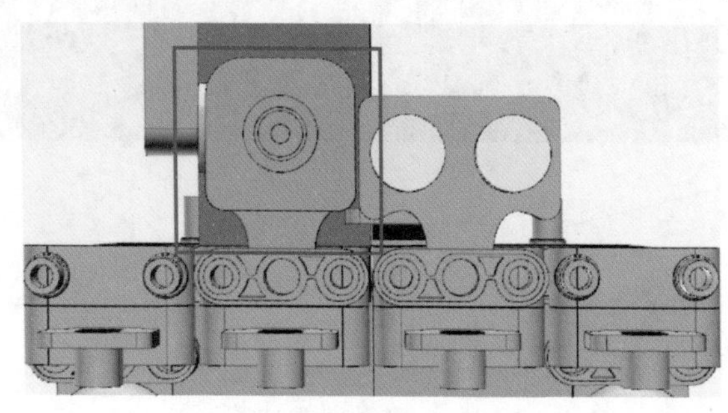

图7-2

在人工智能三维仿真竞赛中，准确地识别物体上的条形码和二维码是一项至关重要的图像识别技术应用。这项技术涉及对图像中编码的信息进行详细分析，以便做出精确的数据解读，从而指导后续的操作，完成既定的任务并积累得分。接下来，我们将深入探讨条形码与二维码识别的基本原理。

一、条形码识别的基本原理

在深入探讨二维码识别的基本原理前，首先需要掌握条形码识别的基本原理。无论是超市货架上的商品，还是你此刻手中翻阅的图书，在它们的表面都能见到条形码。条形码以其独特的黑白条纹组合，承载了商品的名称、价格、生产地等关键信息。当扫描器（即“电子眼”）掠过这些条纹时，便能够迅速解码，呈现出商品的所有相关信息。

图7-3

如图7-3所示，条形码是由一组粗细不同并按照一定的规则安排间距的平行条纹组成的图形。常见的条形码是由反射率相差很大的黑条纹（简称条）和白条纹（简称空）组成的。条形码的生成涉及将字符转换为一系列条和空的过程。这一过程通常包括字符集的选择、起始符和终止符的添加、数据的校验等步骤。生成的条形码可以通过打印、显示等方式呈现。而条形码识别就是对条形码中包含的数字、字母或符号信息进行解读。

二、二维码识别的基本原理

图7-4

在深入探讨了条形码识别的基本原理后，理解二维码识别的基本原理将会更加顺畅和高效。二维码如图7-4所示，其全称是“二维条码”。在现代社会的日常生活中，二维码的应用范围已经变得极为广阔，从扫码支付到扫码验证，其身影无处不在。这一现象的成因在于，二维码具备条形码所无法比拟的信息容纳能力，从而使二维码承载的信息的完整性和安全性都得到了显著的提升。

条形码用单一维度表示信息，而二维码是条形码的升级版，其在条形码原有纵向线的维度的基础上，增加一个横向线的维度。一个完整的二维码是由若干个黑色小方块和白色小方块组成的。生成二维码的过程：先将数字、字母、符号等字符经过一定的运算编码规则转换成二进制的“0”和“1”，再经过一系列优化算法就得到了二维码。二维码上的白色小方块表示二进制的“0”，黑色小方块表示二进制的“1”。

二维码识别即通过颜色反差读取二维码上的白色和黑色小方块表示的二进制的“0”“1”序列，之后通过数字编码、字节编码、特殊字符编码、混合编码、汉字编码等将二进制的“0”“1”序列转换为人们可以认识的字符。

7.1.2　图像识别的实现流程

在竞赛中，通常需要利用摄像头识别场景中物体的二维码/条形码信息，并根据信息对物体进行操作，如抓取、推移、放置等。通常采用以下流程完成操作。

（1）控制机器人移动至包含二维码/条形码的物体前。

（2）调整机器人位置，保证摄像头能识别二维码/条形码。

（3）使机器人停止，使用摄像头扫描二维码/条形码。

（4）判断二维码/条形码名称是否包含需要处理的信息，如果不包含则执行下一项任务，如果包含，进入第（5）步。

（5）若扫描内容为条形码，需根据任务要求，判断是否需要识别条形码中的数值信息，若需要识别，则进一步判断数值信息，若不需要，进入第（6）步。若扫描内容为二维码，则直接进入第（6）步。

（6）当二维码/条形码信息满足识别条件时，执行相应的具体操作。

（7）完成具体操作后，执行下一项任务。

7.1.3　图像识别的功能设计

如何在软件中利用图像识别模块，让机器人正确识别物体上的二维码/条形码并完成转向控制，使机器人的摄像头观察到的范围内不再存在物体？

一、二维码识别

在场景中放置包含二维码的物体和机器人，使机器人的摄像头正对二维码，并与二维码保持一定距离，保证机器人能进行后续操作。如图7-5

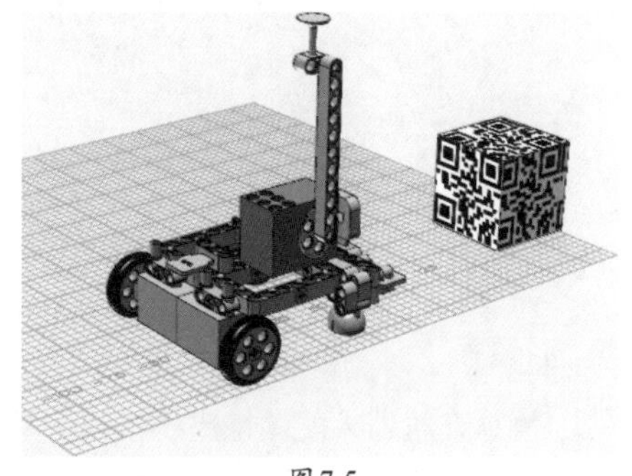

图7-5

所示，图中二维码包含的信息为“厨余垃圾”。

在完成场景搭建后，进行下一步操作。通过“编程设置控制器”进入编程界面，找到并选择“图像识别”，在其右侧选择所需编程模块，如图7-6所示。

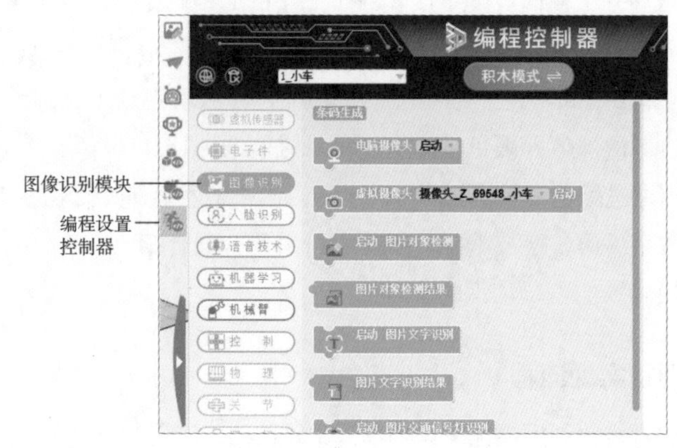

图7-6

在图像识别模块中，找到条码识别模块，如图7-7所示。

启动摄像头，如图7-8所示。进入仿真环境，如图7-9所示。检查在摄像头观察到的范围内是否存在完整的二维码，如果不存在需要对机器人进行调整。

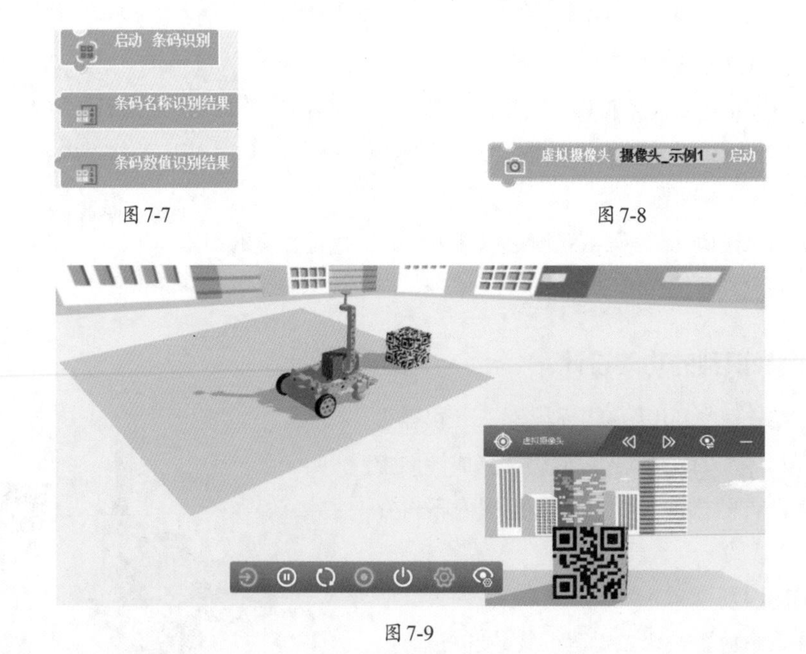

图7-7　　图7-8

图7-9

确认在机器人的摄像头观察到的范围内存在完整二维码后，进行实现条码识别功能的程序编写，如图7-10所示。

在循环中放置“启动 条码识别”模块和“如果……执行……否则”模块，判断摄像头观察到的范围内是否存在包含“厨余垃圾”的二维码。若存在，使机器人的左侧马达转动、右侧马达停止，机器人向右转；若不存在，使机器人的马达停止，机器人停止。

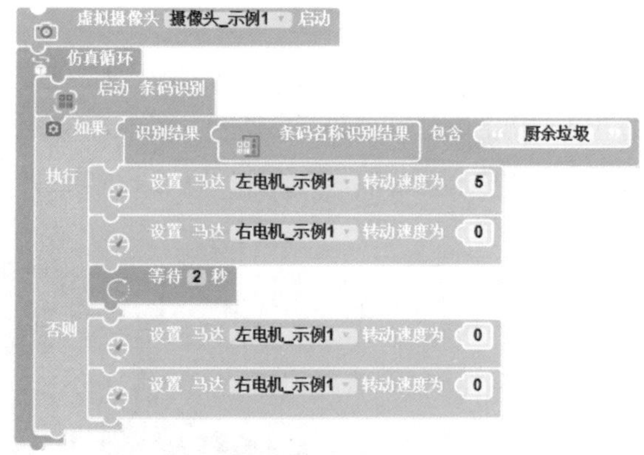

图 7-10

在进入仿真环境进行仿真后，当在机器人的摄像头观察到的范围内存在包含“厨余垃圾”的二维码时，如图7-11所示，条码识别结果为“厨余垃圾”，机器人执行向右转操作。

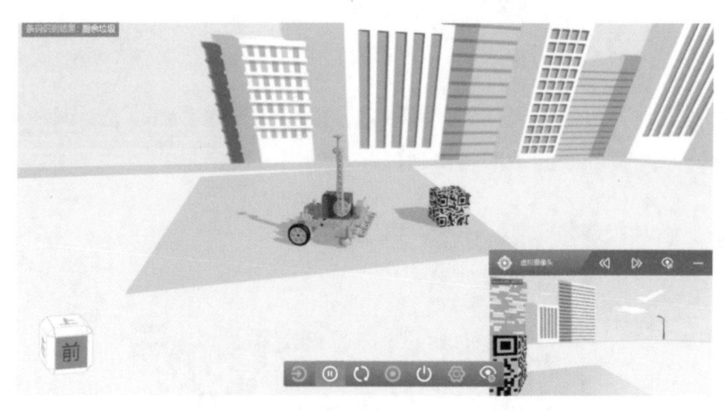

图 7-11

当在机器人的摄像头观察到的范围内不存在包含“厨余垃圾”的二维码时，如图7-12所示，条码识别结果为“空”，机器人停止。

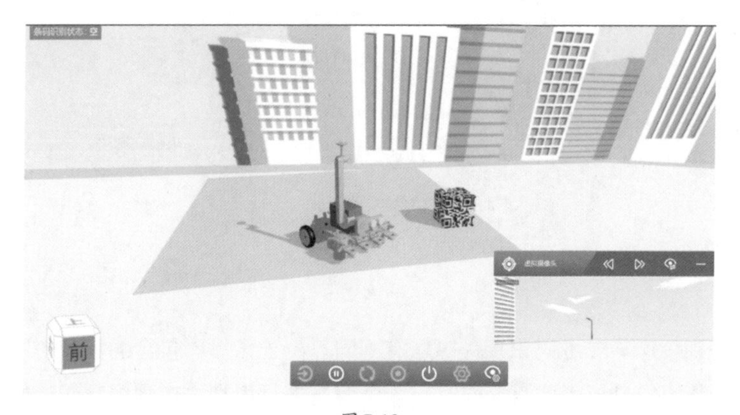

图 7-12

二、条形码识别

条形码识别方法与二维码识别方法类似。将上一个场景中的包含二维码的物体置换为包含条形码的物体，如图7-13所示。图中条形码包含的信息为“resource 1”（由于软件无法生成包含中文信息的条形码，所以这里使用包含英文信息的条形码）。

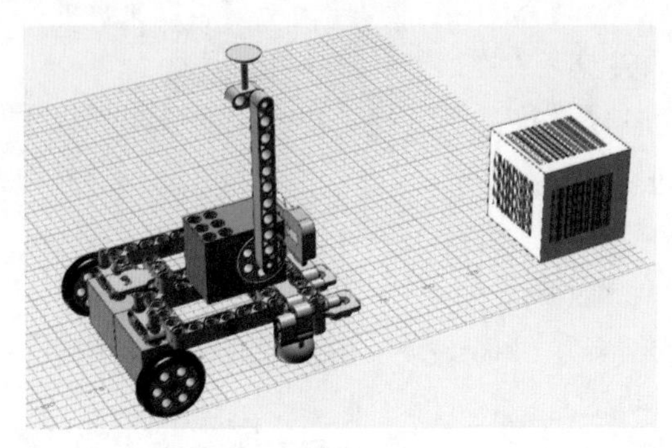

图7-13

为确保机器人在其摄像头观察到的范围内，能够完整地看到并准确识别条形码，接下来将编写专门针对逻辑判断的条形码识别程序，如图7-14所示。

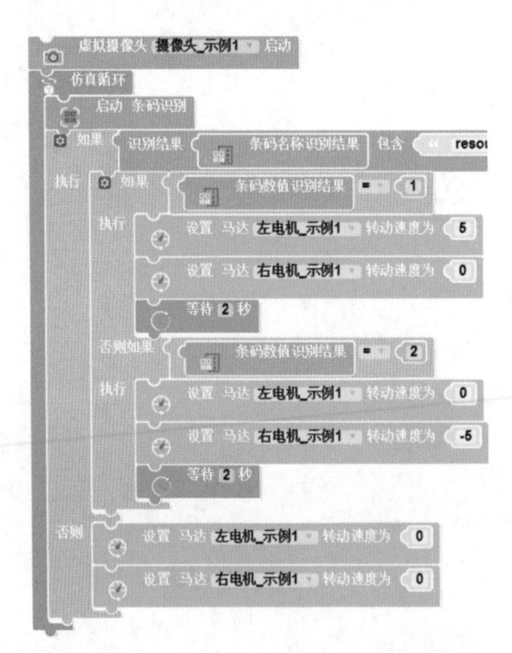

图7-14

条形码识别程序与二维码识别程序略有不同。由于条形码包含的信息中不仅包括名称信息，还包括数值信息，因此需要同时对两个信息进行识别。在程序判断摄像头观察到的范围内存在包含“resource”的条形码后，还要进一步判断条形码包含的数值信息是什么，如果是1，则机器人向右转，如果是2，则机器人向左转。

需要注意的是，对于条形码数值信息的识别，不能使用“识别结果……包含……”模块。原因是“条码数值识别结果”模块的数据类型是数值型，而“条码名称识别结果”模块的数据类型是字符型。

在进入仿真环境进行仿真后，当机器人的摄像头观察到的范围内存在包含“resource”且数值信息为1的条形码时，如图7-15所示，条码识别结果为“resource 1”，机器人执行向右转操作。

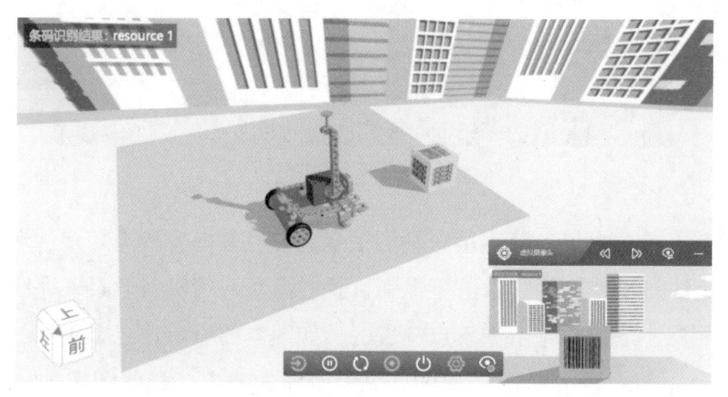

图7-15

当机器人的摄像头观察到的范围内不存在包含“resource”的条形码时，如图7-16所示，条码识别结果为“空”，机器人停止。

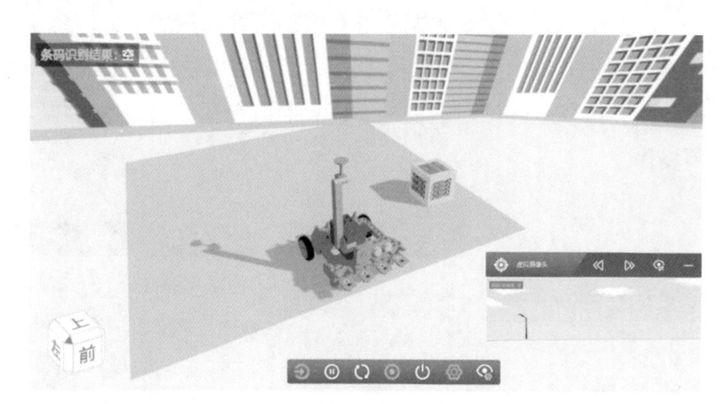

图7-16

7.2 机器学习功能设计

让机器人正确识别图像的关键在于理解机器学习的基本原理，采集图像数据进行模型训练，并通过模型正确识别图像，完成相应操作。

7.2.1 机器学习的基本原理

由于二维码和条形码中已经包含可识别的信息，所以只需要利用条码识别模块对包含的信息进行解析，就能实现二维码和条形码识别功能。但是在竞赛中，除了条码识别任务外，还存在直接对物体上的图像进行识别的任务，如图7-17所示。

图7-17

由于图像并不包含机器人能直接识别的信息，并且其内容种类繁多、形态各异，所以图像识别模块无法对物体上的图像进行识别。我们需要运用机器学习来完成这个挑战。

与二维码相似，图像也是由像素点构成的，如图7-18所示。二维码中的小方块的颜色只有黑色和白色，而图像中的像素点具有更为多样的颜色。相似图像的像素点的构成相近，不同图像的像素点的构成不同，这也为图像的识别提供了可能。

机器学习的基本原理是在大数据的支持下，通过各种算法让机器对数据进行深层次的统计分析以进行“自学”，使机器获得归纳、推理和决策能力。在图像识别中，机器使用有监督学习算法，对已经采集并标记的数据集进行模型训练，然后根据训练得到的模型对新的未标记的图像进行识别。3D One AI软件中提供了针对机器学习的模型训练功能，该功能对应的对话框如图7-19所示，该对话框能方便我们进行图像的数据采集、特征提取，以及模型的训练等操作。

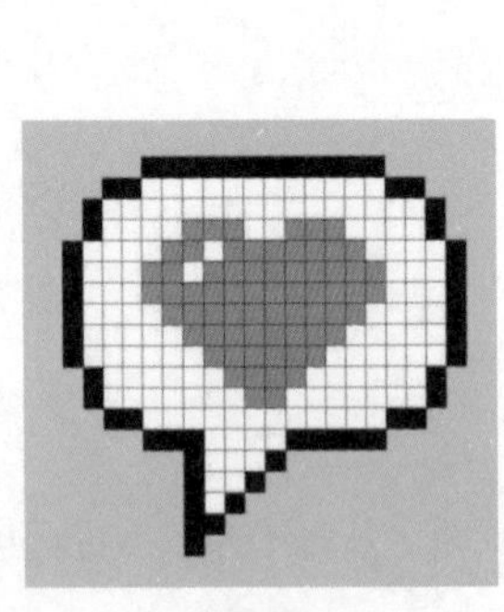

图7-18

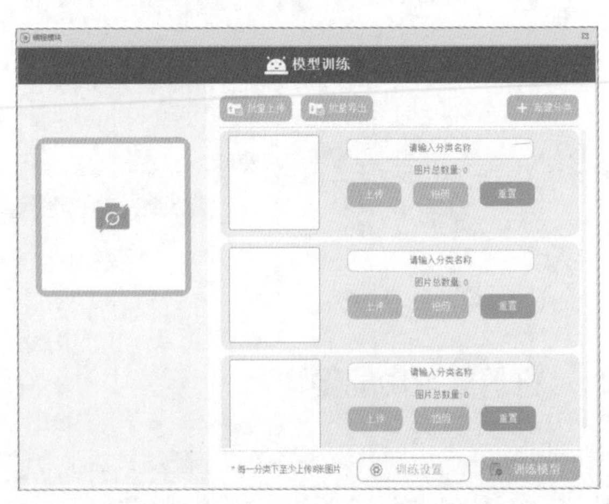

图7-19

7.2.2 机器学习的实现流程

对于竞赛中的机器学习任务，我们通常需要提前采集好数据并进行模型训练，以便在竞赛中能直接调用训练得到的模型完成任务。完成机器学习任务通常需要利用图像识别模块采集图像数据，并利用模型对图像数据进行推理、预测，最后根据推理、预测的结果执行对应的操作。为了更好地学习机器学习的全过程，我们将从数据采集开始讲解机器学习的实现流程。

（1）进入图像数据采集场景，利用摄像头从不同角度拍摄物体，得到图像数据，并将数据保存在相应的标签下。

（2）从3D One AI提供的模型中选择合适的机器学习模型，推荐MobileNet。

（3）利用3D One AI的模型训练功能，将标记的图像数据提供给机器学习模型进行训练，完成训练后得到并保存可用模型。

（4）训练完成后，创建新场景评估模型的性能，如果模型的性能不佳，则需进行模型的优化，包括更换机器学习模型、调整图像数据采集位置及获得更多的训练数据；如果其性能良好，进入下一步。

（5）将训练好的模型保存，竞赛时部署到机器人上。

7.2.3 机器学习的功能设计

本小节需要使用第4章中手动控制机器人的相关程序，并利用机器学习训练模型，让机器人能准确识别物体上的图像并在识别到匹配的图像后调整机械臂。本小节会使用“机器学习”模块中的相关编程模块，如图7-20所示。

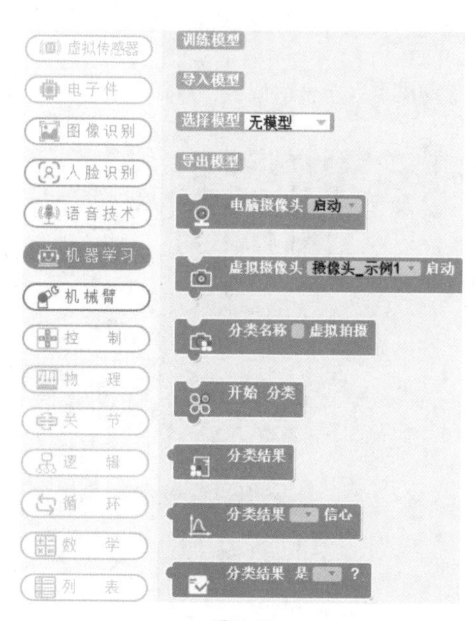

图7-20

布置图片数据采集场景并在场景中放置机器人，如图7-21所示，为机器人编写手动控制程序和图像数据采集程序，如图7-22所示，保证机器人进入场景后能移动到合适的图像数据采集位置进行图像数据采集。

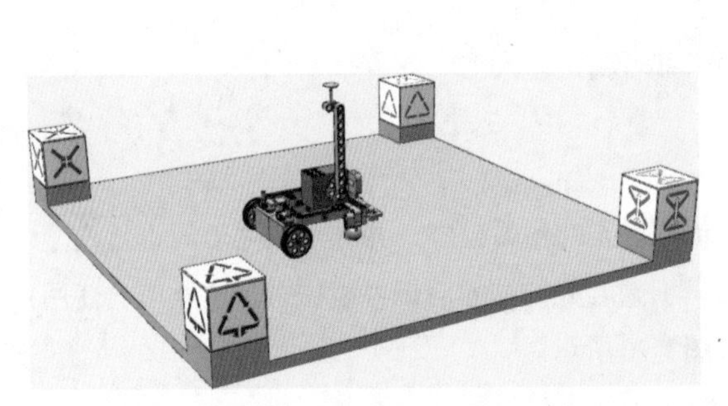

图7-21

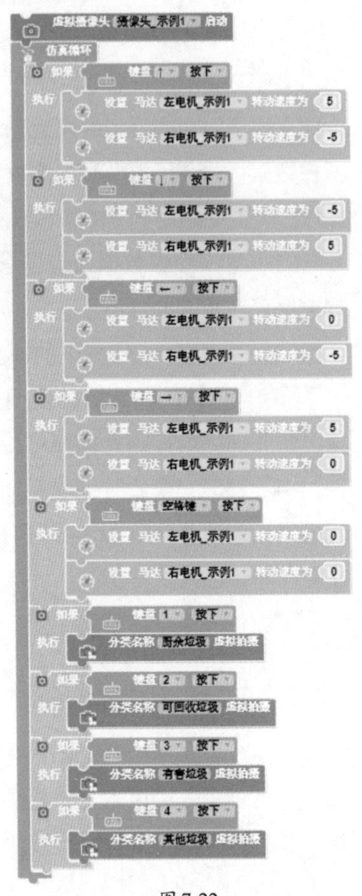

图7-22

在进入仿真环境后，移动机器人至合适位置，并开始进行图像数据采集，如图7-23所示。

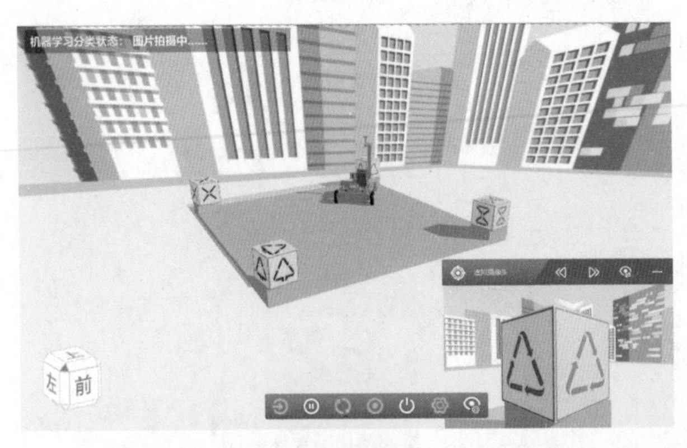

图7-23

注意：采集数据时不要长时间按键进行虚拟拍摄，否则容易出现卡顿。建议少量多次采集。

当采集好一幅图像的数据时，需要注意观察界面左上角的机器学习分类状态，当显示“拍摄成功”后，可以将摄像头移动到下一幅图像处进行下一个数据的采集，如图7-24所示。

图7-24

当采集完需要训练的图像数据后，退出仿真环境。此时用于进行模型训练的对话框如图7-25所示，其会自动弹出，对话框中包含刚刚采集的图像数据。

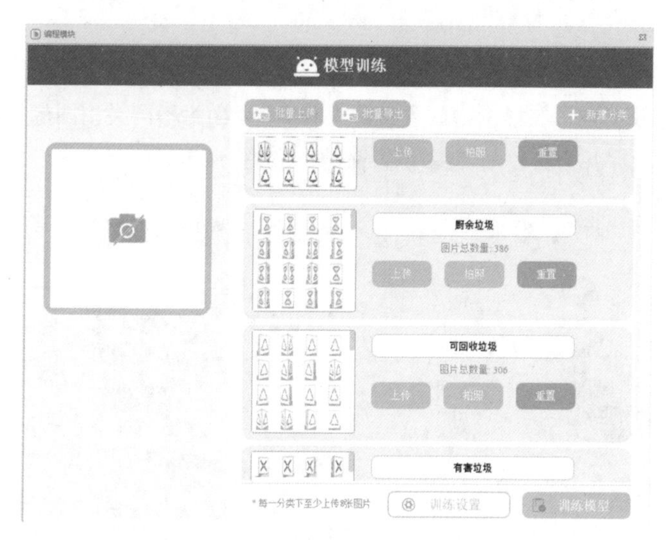

图7-25

随后，单击“训练设置”按钮，在弹出的菜单中选择“Mobilenet”，如图7-26所示，单击“训练模型”按钮，模型训练启动，如图7-27所示。

模型训练完成后，检查识别正确率，填写模型名称，单击“完成”按钮，生成识别模型，如图7-28所示。

然后，将生成的模型利用“机器学习”模块中的“导出模型”模块导出，如图7-29所示，以便后续使用。

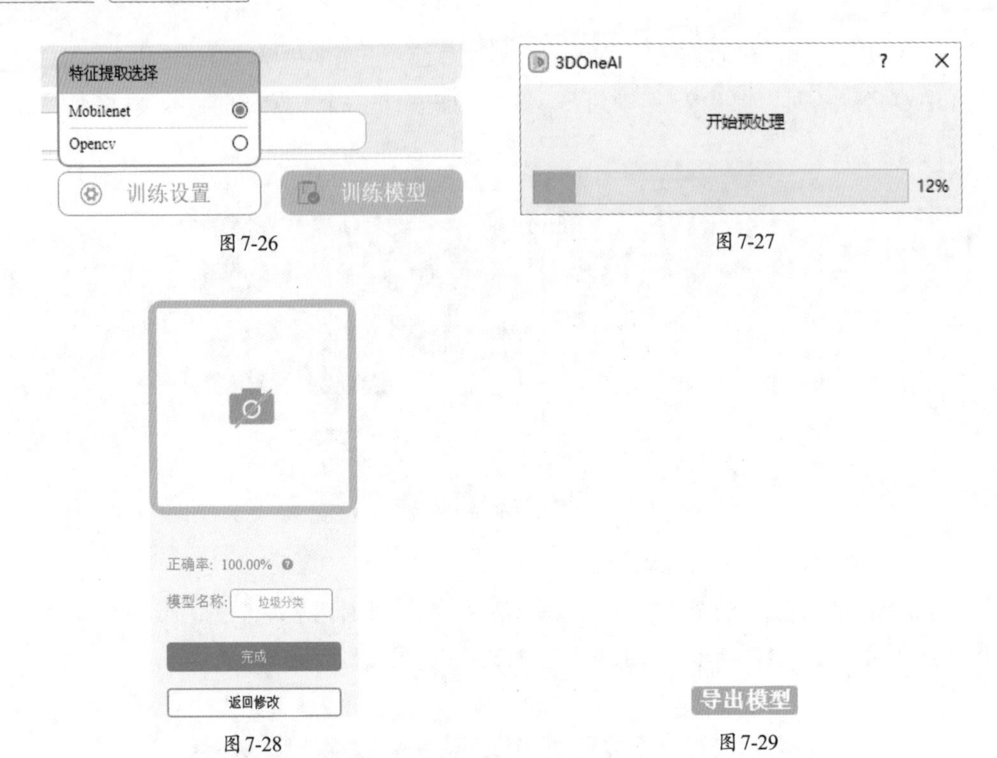

图 7-26

图 7-27

图 7-28

图 7-29

随后，创建新场景，在场景中放置机器人和4个表面为不同类型图像的物体并导入模型，如图7-30所示，并为机器学习编写程序，如图7-31所示。

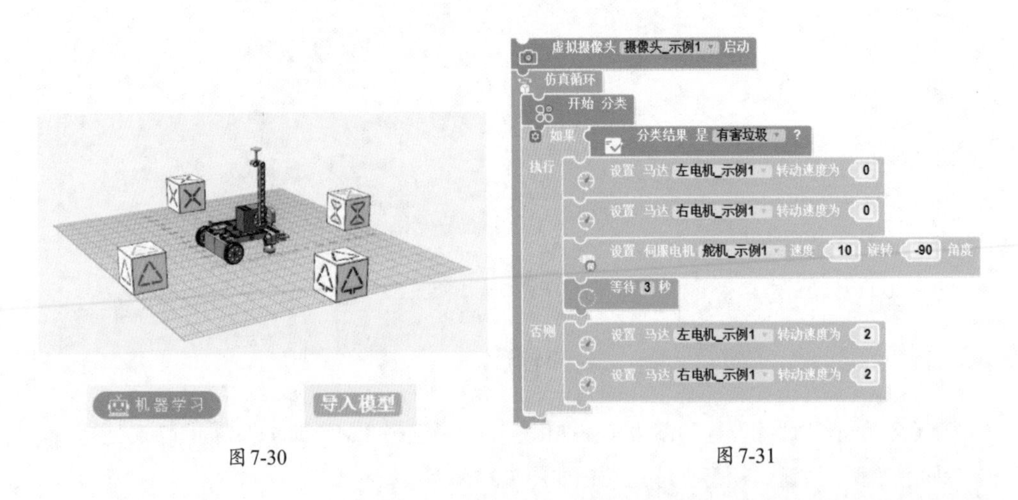

图 7-30

图 7-31

开启摄像头后，在循环中启动机器学习的“分类结果”判断模块开始对物体上的图像进行分类。放置“如果……执行……否则”模块，判断摄像头观察到的范围中，物体上的图像包含的信息是否为“有害垃圾”，并执行操作。

在进行仿真后，当在机器人的摄像头观察到的范围内，物体上的图像包含的信息不是

“有害垃圾”时，如图7-32所示，机器人保持原地转动状态。

图7-32

当机器人的摄像头观察到的范围内，物体上的图像包含的信息为“有害垃圾”时，如图7-33所示，机器人停止转动并放下机械臂。

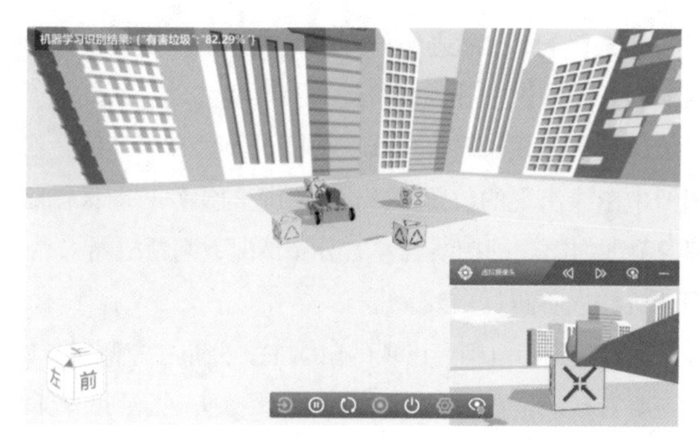

图7-33

7.3 图像循路功能设计

让机器人在规定的路线范围内进行移动的关键在于理解图像循路的基本原理，并使用正确的图像循路模块按照流程完成图像循路任务。

7.3.1 图像循路的基本原理

图像循路任务是人工智能三维仿真竞赛中最为常见的人工智能挑战任务之一，在往年的人工智能三维仿真竞赛中经常出现，并具有较高的分值。如图7-34所示，第三届（2022—2023学年）全国青少年科技教育成果展示大赛中就出现了让机器人沿着防滑道路从基地移动到二层场景的图像循路任务（图7-34中的蓝框标识部分为图像循路任务道路），其分值为

150分，为大赛中分值最高的任务。图像循路任务要求机器人利用图像识别功能，在指定的路线范围内沿着道路内部路线移动，每通过一定的距离就能获得相应的分值。

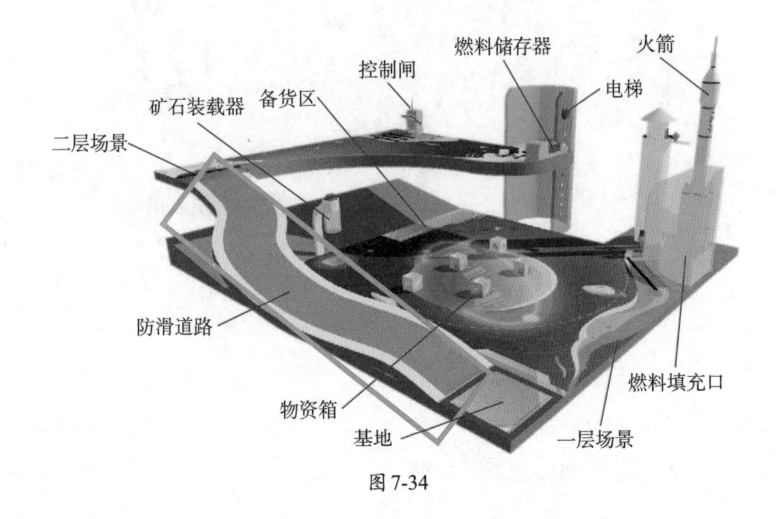

图 7-34

图像循路任务与第5章介绍的循迹任务有较大的差别。循迹任务中，需使用多个灰度传感器完成对地面上的黑线的识别并控制机器人沿黑线移动。而图像循路任务中，机器人的行进位置位于两条白色道路线（简称白线）中间，不存在引导线，机器人需要利用图像识别功能，识别图像中白线出现的位置，并进行相应的操作。图像循路的原理是根据机器人的摄像头观察到的范围内出现的白线的左右分布情况，判断机器人靠近道路左侧或右侧，并通过调整车身保证机器人不越过白线。

当机器人的摄像头观察到的范围内出现的白线主要分布在左侧时，如图7-35所示，机器人靠近道路左侧，需要右转调整车身；当机器人的摄像头观察到的范围内出现的白线主要分布在右侧时，如图7-36所示，机器人靠近道路右侧，需要左转调整车身。

图 7-35

图 7-36

为了保证机器人能顺利完成图像循路任务，需要对机器人进行调整，将机器人的摄像头转动45°，让其面向机器人前方的道路，以便更好地识别道路的情况。调整后的机器人如图7-37所示。

图 7-37

在7.1节介绍的图像识别任务中，已经利用图像识别模块中的条码识别模块实现了对二维码和条形码的识别。现在用类比思维思考，图像循路的实现流程是怎样的呢？

7.3.2 图像循路的实现流程

相比7.1节中的图像识别，图像循路的实现流程更为简洁。

图像循路只需要识别道路情况并控制机器人移动，不需要考虑其他任务。

图像循路的特点是可以随时中断。例如，在图像循路的过程中，通过超声波传感器发现了物体，此时可以中断图像循路，完成对物体的操作后回到中断位置，再继续图像循路。对于单一的图像循路，通常会采用以下流程实现。

（1）将机器人移动到图像循路的起始位置，并调整出发位置（可节约机器人在实现流程中的移动时间）。

（2）机器人开启摄像头，并执行直行操作，摄像头实时监测道路情况。

（3）当摄像头中出现了白线时，开始判断白线的分布情况，确定图像循路方向。

（4）根据确定的图像循路方向，控制机器人执行相应操作。

（5）当白线消失后，机器人恢复直行操作。

在图像循路的实现流程中，由于机器人的速度过快，可能会出现对机器人的调整未完成时，白线已经从一侧迅速移动到另一侧，从而引发错误操作，导致机器人偏离道路的情况。因此，为确保流程的顺利进行，通常会为机器人设置复位（中断控制）操作，并适当调整机器人的速度，以确保其处于合适的路线范围内。

7.3.3 图像循路的功能设计

本小节主要利用软件中图像识别模块中的图像循路模块，让机器人识别道路情况，并做出相应调整，使机器人顺利通过道路。

在场景中放置循路地块并进行组合，如图7-38所示，可以根据自己的实际情况进行组合。

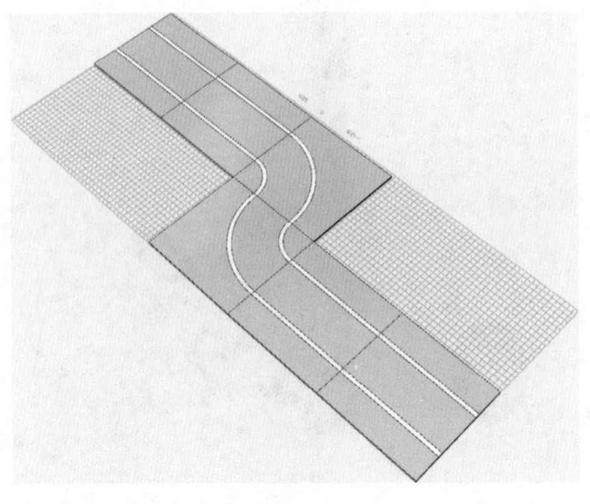

图7-38

完成循路地块的组合后，将循路机器人放置到道路一端的起始位置，如图7-39所示，让机器人尽可能在道路中间并面向道路前方，如图7-40所示。

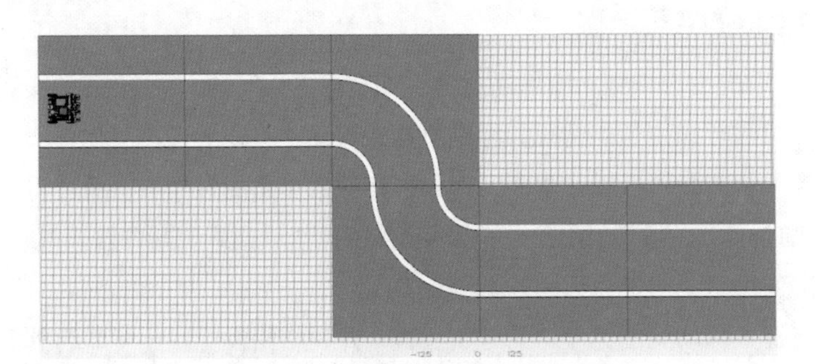

图7-39

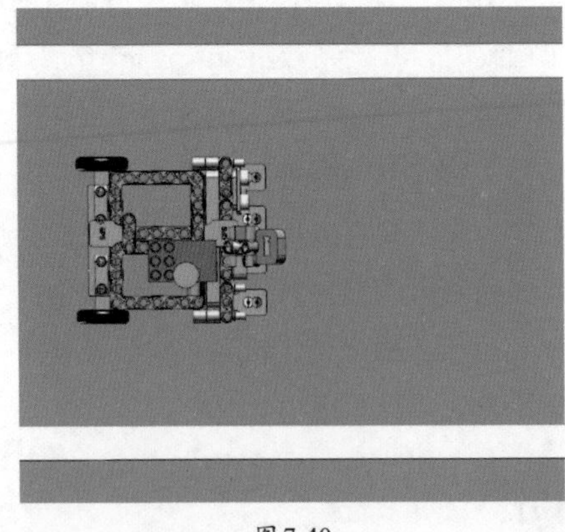

图7-40

在图像识别模块中，找到图像循路模块，如图7-41所示。

如图7-42所示，启动摄像头，并进入仿真环境，检查在摄像头观察到的范围内是否能看到道路上的白线，如图7-43所示。如果能看到，需要对机器人的位置进行调整。

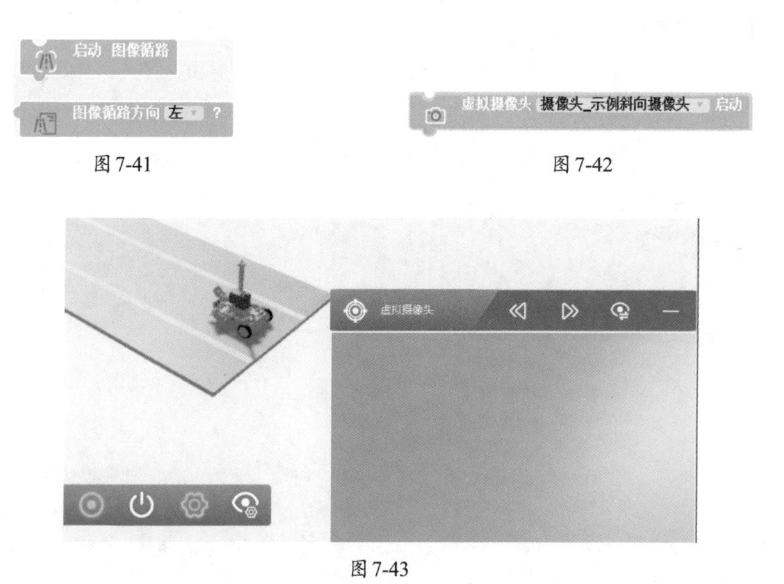

图7-41

图7-42

图7-43

确认在机器人的摄像头观察到的范围内不能看到道路上的白线后，编写图像循路程序，如图7-44所示。

图7-44

在循环中启动图像循路，放置“如果……执行……否则如果……执行”模块，判断图像循路方向。若图像循路方向为“中”，则机器人沿直线前进；若图像循路方向为“左”，则机器人向左转；若图像循路方向为“右”，则机器人向右转。

同时，为了保证机器人跑出道路时可以紧急制动，在循环中加入了中断控制操作。

在进入仿真环境进行仿真后，当机器人的摄像头观察到的范围内不存在白线或存在较少白线时，如图7-45所示，图像循路结果为“中”，机器人沿直线前进。

图7-45

当机器人的摄像头观察到的范围的左侧存在较多白线时，如图7-46所示，图像循路结果为“右”，机器人向右转。

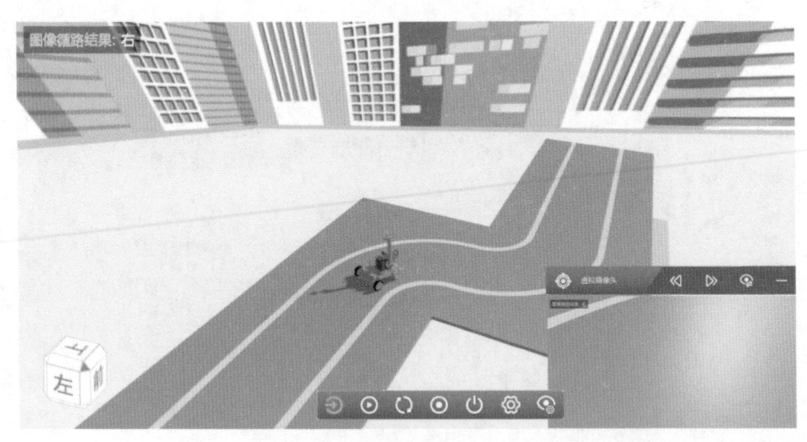

图7-46

当机器人的摄像头观察到的范围的右侧存在较多白线时，如图7-47所示，图像循路结果为“左”，机器人向左转。

图 7-47

7.4 AI功能综合设计

让机器人在复杂的人工智能任务场景中，尽可能多而快地完成任务以获得分数的关键在于对AI功能和其他功能、AI功能之间的关联性的分析及对任务完成逻辑顺序的梳理。

7.4.1 AI功能组合运用场景

在人工智能三维仿真竞赛中，AI功能通常以组合的形式出现。如2020年全国青少年虚拟机器人在线体验活动中，就出现了需要多个摄像头配合完成AI任务的场景（图7-48中的红框标识部分为AI任务区）。机器人从基地出发，利用摄像头沿着血管进行巡检，在血管边会出现3个病毒和一个正常细胞，它们被随机放置在5个矩形线框内。巡检过程中，机器人须通过摄像头识别病毒，如果识别到病毒则把病毒完全推到红色虚线的另一侧，如果识别到正常细胞则不移动它。每正确推动一个病毒，获得80分。通过一次血管获得120分，最多可通过两次血管（即获得240分）。AI任务的分值占总分值的2/3。AI功能不仅用于通过机器学习识别病毒的任务，还用于图像循路任务，并且这两项任务为组合任务。

此时，单一摄像头和单一AI功能的运用已经无法满足任务需求，需要尝试增加编程模块，以保证机器人能快速、高效地完成多项任务。通常情况下选手会通过多个摄像头的运用、传感器与摄像头的组合运用等形式完成任务。我们提供的机器人（见图7-49）前面就存在这样的组合，我们将摄像头与超声波传感器进行组合以完成任务。当然选手也可以自行添加模块或搭建机器人，完成更为复杂的任务。

在7.1～7.3节中，我们学习了图像识别、机器学习及图像循路3种人工智能技术的运用方法。现在想一想，这3种人工智能技术，能组合运用于怎样的挑战任务呢？

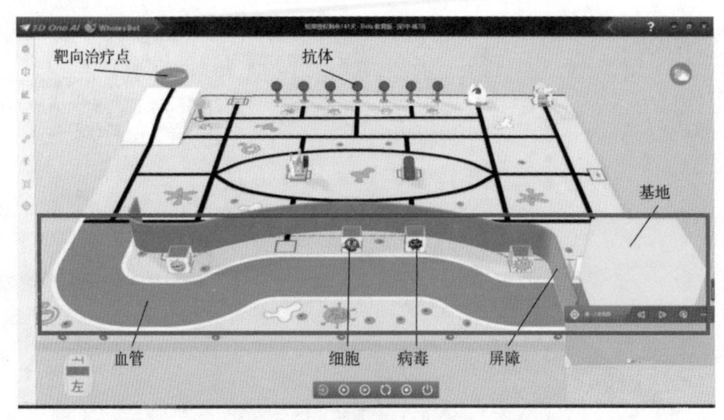

图 7-48

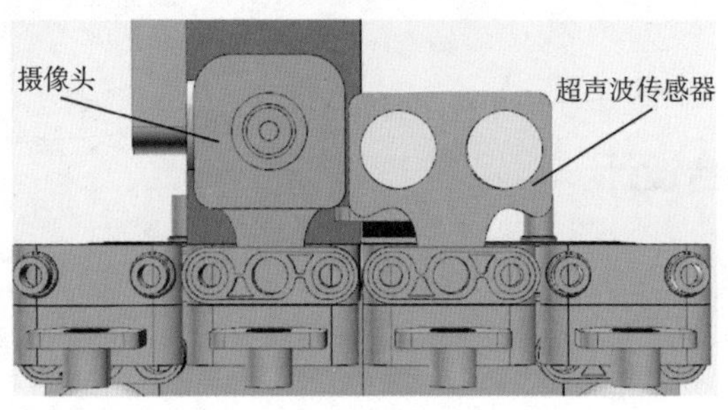

图 7-49

7.4.2　AI功能综合设计流程

AI功能综合设计不仅需要利用多项AI功能，还需要进一步考虑任务之间的关联性，并根据关联性对机器人的编程模块进行重构，以实现任务的攻关。通常会采用以下流程完成AI功能综合设计。

（1）分析任务中AI功能和其他功能的关联性并进行组合，如将AI功能和循迹功能组合、AI功能和机械臂组合等。

（2）分析任务中AI功能之间的关联性，如图像识别与图像循路的关联性、机器学习与图像循路的关联性等。

（3）根据分析情况，确定各项任务的完成逻辑顺序，可绘制机器人的任务流程图帮助进行任务完成逻辑顺序的梳理。

（4）根据任务完成逻辑顺序，选择合适的编程模块，并按照任务完成逻辑完成程序撰写。

（5）进行虚拟仿真，测试第（4）步中生成的解决方案的可行性，并进行优化、完善。

需要注意的是，对于AI功能综合设计，可能会存在多个解决方案，在选择解决方案时，可以从稳定性、复杂性、高效性等角度进行考虑。

7.4.3 AI功能的综合设计

本小节以AI功能结合循迹和测距为例，让机器人执行循迹任务，当机器人行进到T形路口时，根据路口的物体上的二维码，进行转向操作。当识别的二维码包含的信息为“可回收垃圾”时，机器人向左转，并继续进行循迹。

在场景中放置T形路线地块和直线路线地块并进行组合，同时放入机器人和表面上有二维码的物体，如图7-50所示。

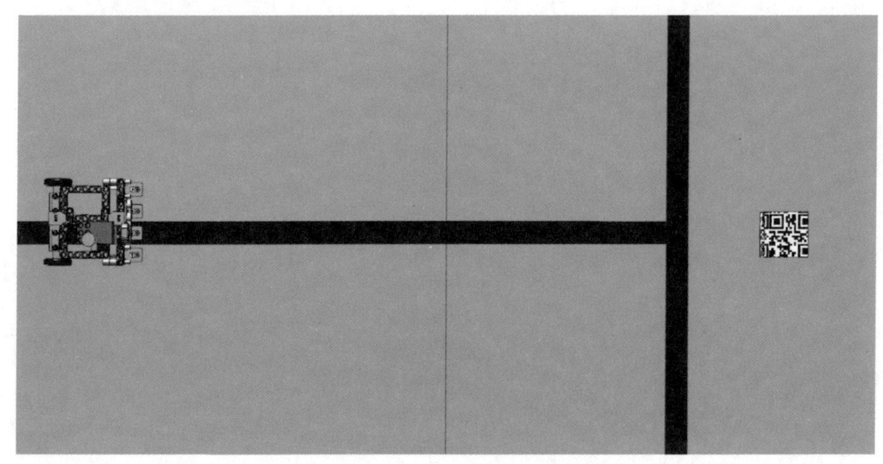

图7-50

首先，分析任务要求。

（1）需要利用机器人的灰度传感器，使机器人执行循迹任务。

（2）通过灰度传感器判断机器人是否到达T形路口，也可以使用超声波传感器判断机器人和物体的距离，进而判断物体上的二维码是否在可识别范围内，并在满足条件后使机器人停止并打开摄像头。

（3）根据识别结果让机器人完成转向操作。

（4）当转向操作完成后，机器人继续通过灰度传感器进行循迹任务。

在分析任务要求后，进行组合任务的程序编写，如图7-51所示。本书选用超声波传感器判断机器人是否到达指定位置。

在进入仿真环境进行仿真后，当机器人和物体的距离大于150mm时，如图7-52所示，机器人执行循迹任务。

当机器人和物体的距离小于等于150mm时，如图7-53所示，机器人停止并打开摄像头。

当条码识别结果为“可回收垃圾”时，如图7-54所示，机器人执行左转操作。

当机器人完成左转操作后，机器人继续执行循迹任务，如图7-55所示。

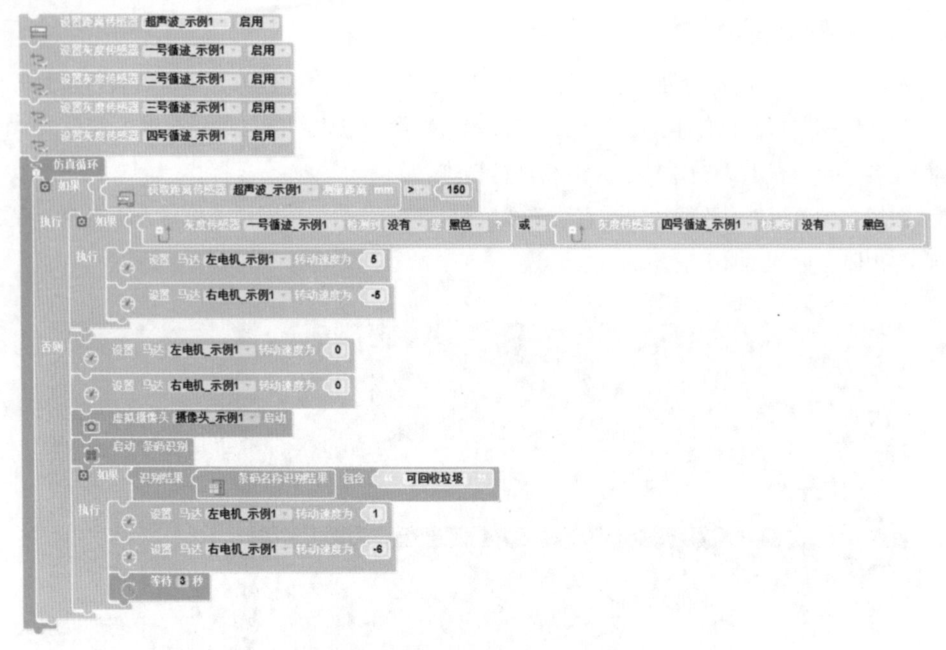

图 7-51

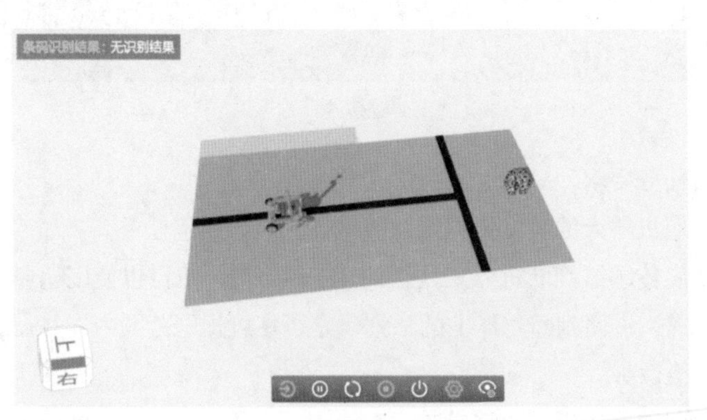

图 7-52

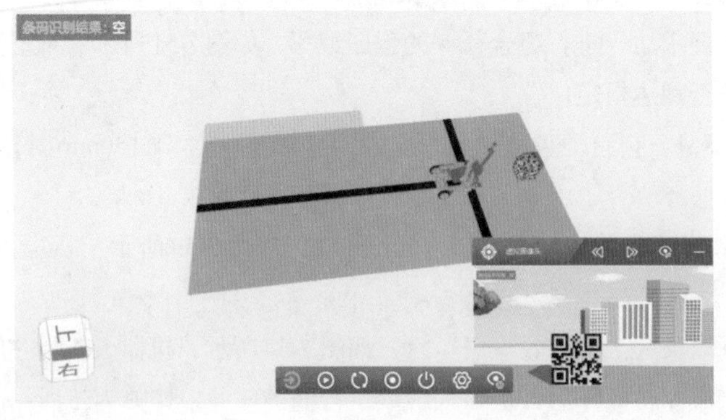

图 7-53

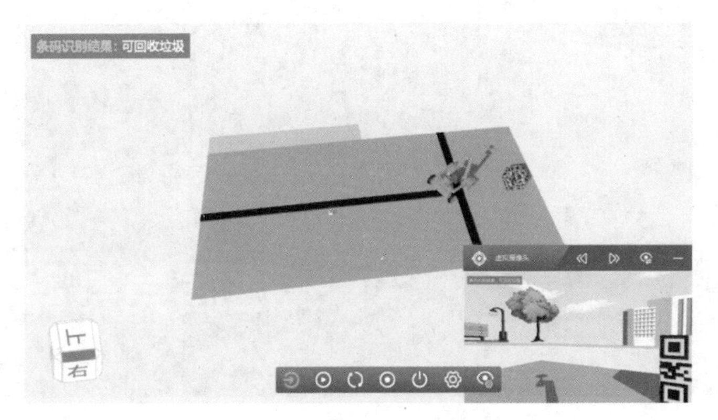

图 7-54

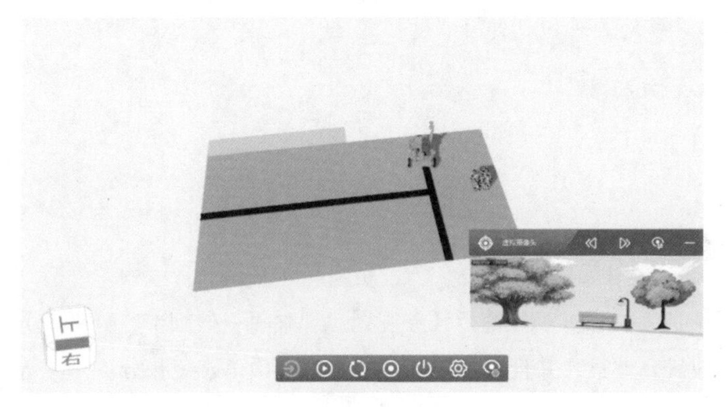

图 7-55

08

第8章 往届竞赛案例解析

本章要点

- 竞赛策略和技巧。
- 竞赛心得。

8.1 竞赛任务分解

竞赛过程中选手要根据场景进行任务规划，观察每一处细节，分析任务类型，找到规律，以便更好地研究方案，并且留意规则中的注意事项，避免扣分。

8.1.1 竞赛任务剖析

一、智能配送挑战赛任务简介

任务一：配送快递。

识别快递（箱子）的二维码包含的信息，通过机械臂吸取快递并将其装载到智能配送机器人的车斗内，将快递运输至对应楼宇的快递堆放区内，每正确配送一个快递得50分。两个快递上下叠放在一起，额外得30分。场景如图8-1和图8-2所示。

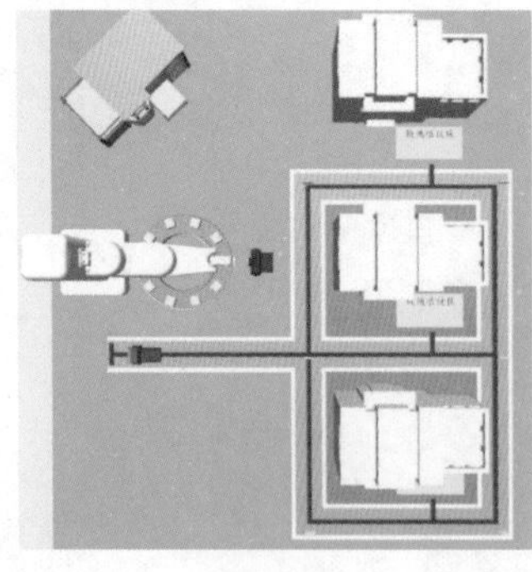

图8-1

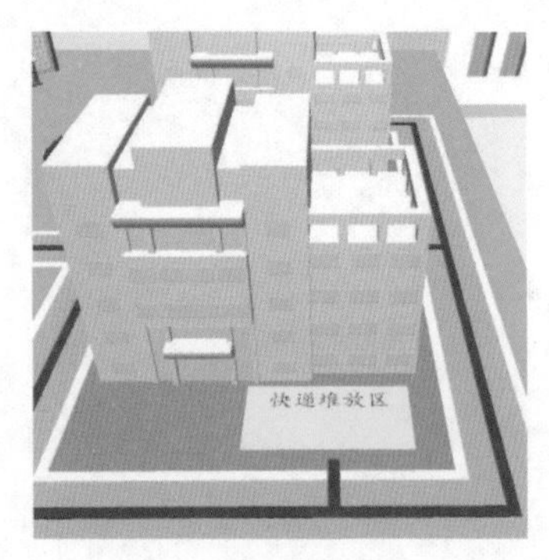

图8-2

任务二：收取快递。

在楼宇周围的循迹区内设有3个快递堆放区；启动仿真后会随机出现快递；智能配送机器人经过快递所在位置时，快递消失，完成收取任务，每收取一个快递得15分；收取快递后等待15s，会按一定规律再出现一个快递，以此类推，循环往复。

智能配送挑战赛场景由机械臂、转盘、快递（箱子）、摄像头、智能配送机器人、快递堆放区、快递（金币）、路线等组成，场景如图8-3所示。

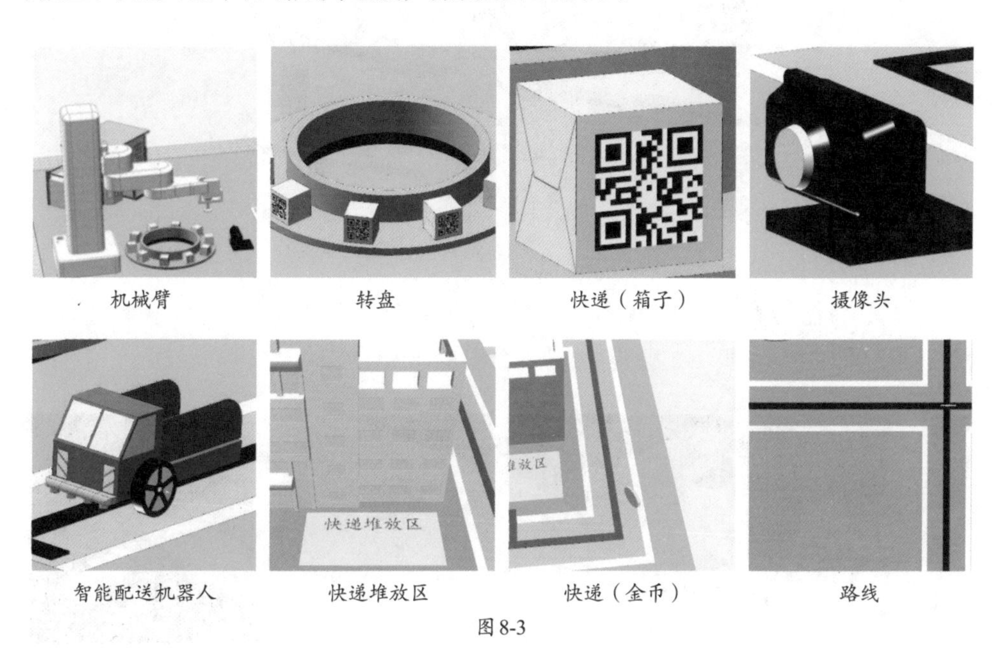

图8-3

二、筑梦天宫挑战赛任务简介

筑梦天宫挑战赛场景如图8-4所示。

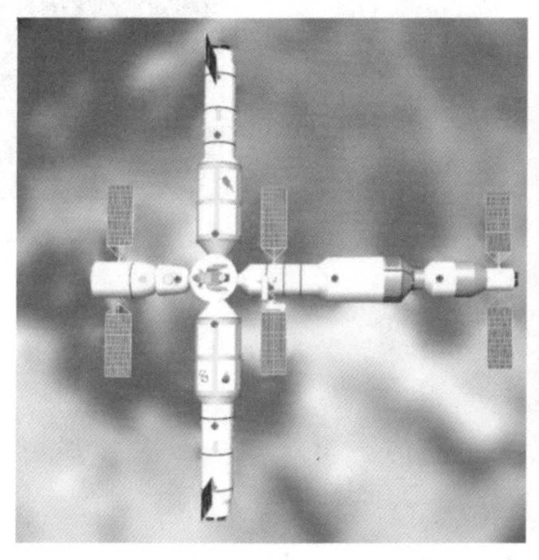
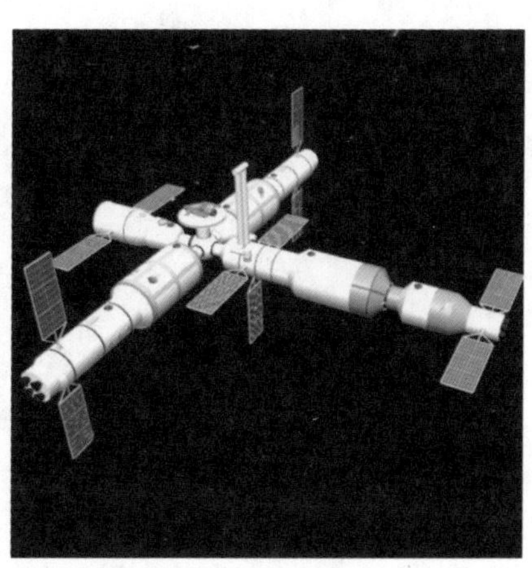

图8-4

选手要为太空飞船驾驶舱安装真空吸盘、推进器等设备，并且为太空飞船编程，通过键盘操作机械臂、太阳翼、真空吸盘等，完成创伤检测、调整太阳翼、收集太空垃圾、采集小行星样本、太空飞船归舱等任务。筑梦天宫挑战赛空间站如图8-5所示。

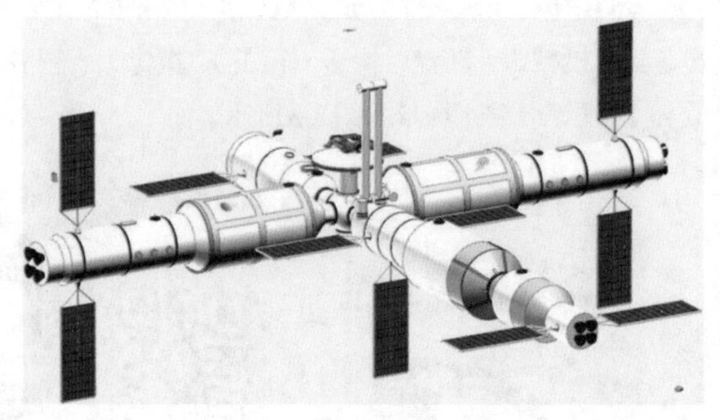

图8-5

筑梦天宫挑战赛场景由机械臂、太空飞船和停靠平台、基座、太阳翼、回收舱、太空垃圾、小行星样本、恒星（光源）等组成，如图8-6所示。

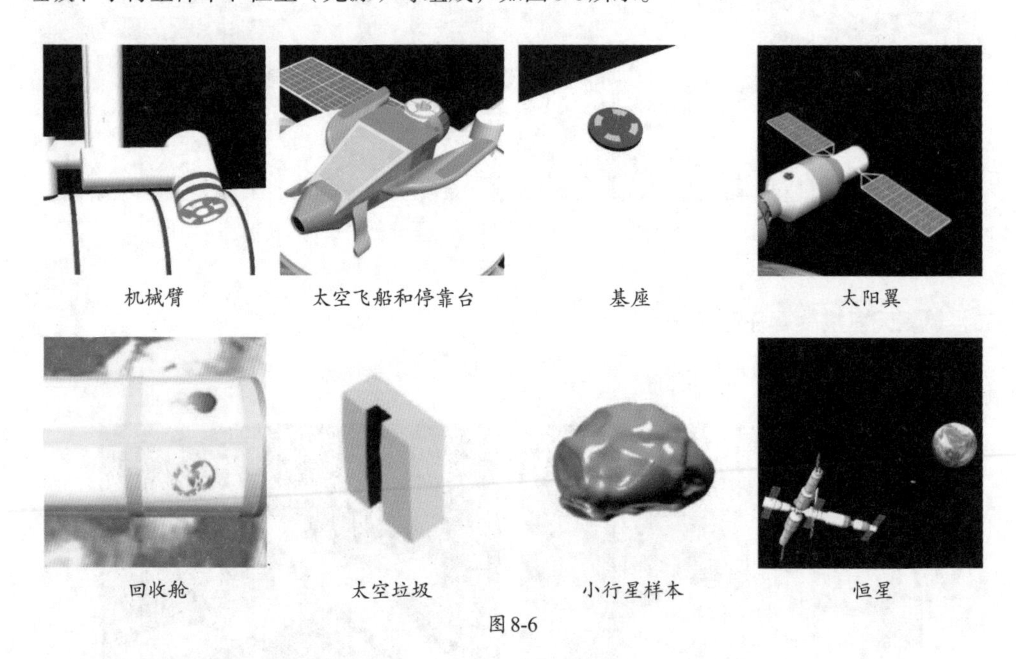

图8-6

8.1.2 任务的类别

竞赛任务可以分为五大类：图像识别类、自动控制类、手动控制类、位置类和循迹类。

一、图像识别类

图像识别类任务包括智能配送挑战赛里的快递上的二维码识别任务，当摄像头识别快递上的二维码得到条码识别结果后，把快递取出，放到智能配送机器人的车斗内。否则继续旋转转盘，直到识别的结果为想要的结果。比如快递上的二维码的识别结果包含“三号楼”，如图8-7所示。

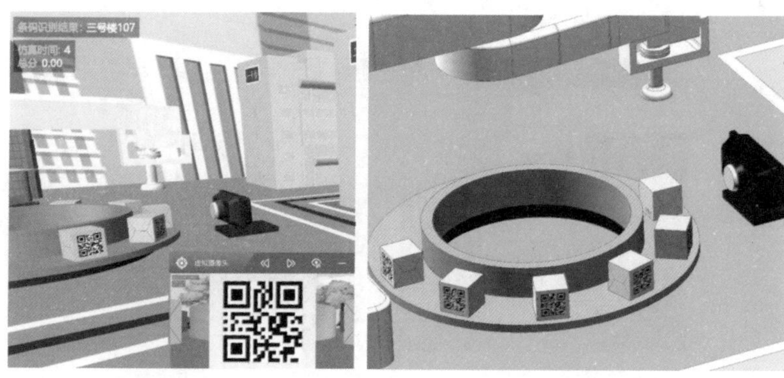

摄像头　　　　转盘

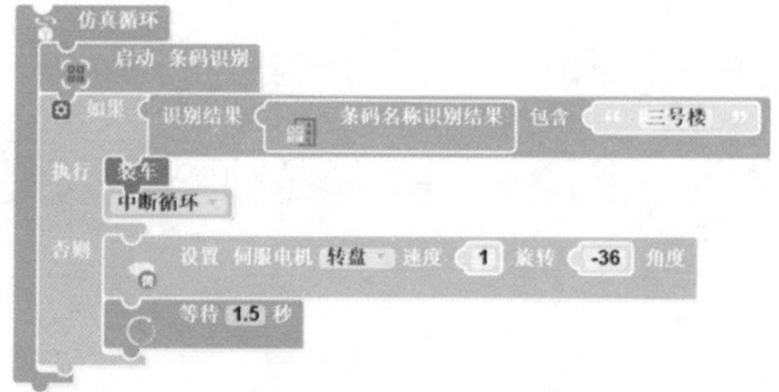

摄像头和转盘的参考程序

图8-7

在筑梦天宫挑战赛里，驾驶太空飞船收集太空垃圾，使用机械臂前端摄像头识别太空垃圾的种类，如图8-8所示。

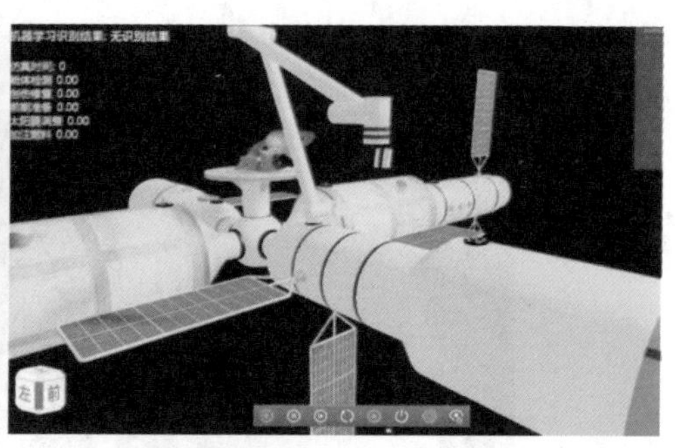

驾驶太空飞船收集太空垃圾　　　　摄像头识别

图8-8

二、自动控制类

智能配送挑战赛里的吸取和放置快递（箱子）的任务，需要自动控制“真空吸盘打开→机械臂下降→机械臂抬高→顺时针旋转90°→真空吸盘关闭→机械臂抬高”全过程，实现效果如图8-9所示。

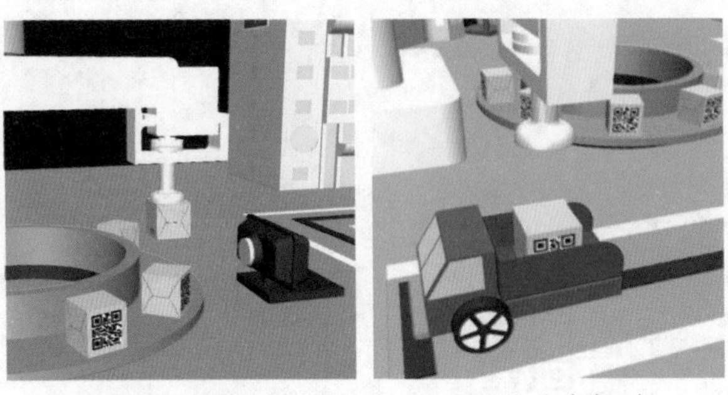

吸取快递（箱子）　　放置快递（箱子）

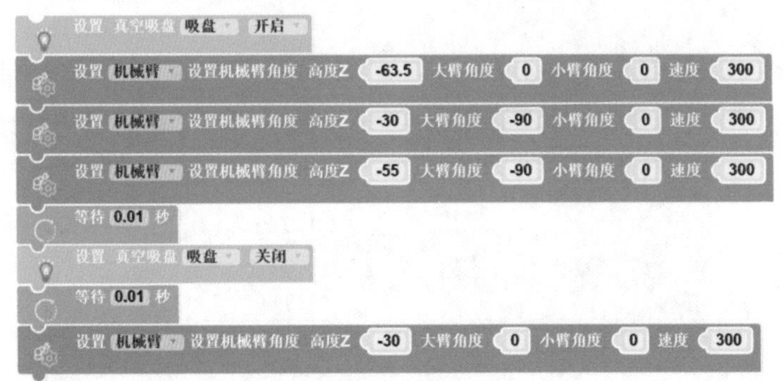

机械臂吸取和放置快递（箱子）的参考程序

图8-9

三、手动控制类

在筑梦天宫挑战赛里，要完成收集太空垃圾的任务，需要按I键打开可燃垃圾回收舱舱门，实现对可燃垃圾回收舱舱门的控制，实现效果如图8-10所示。

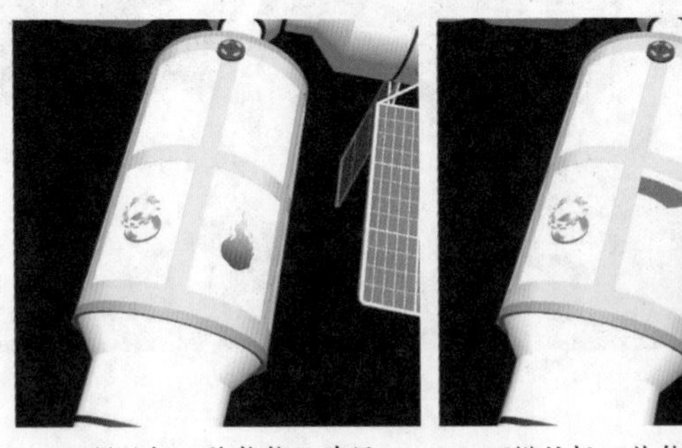

可燃垃圾回收舱舱门关闭　　可燃垃圾回收舱舱门打开

图8-10

四、位置类

在智能配送挑战赛中完成任务时，我们注意到当机械臂顺时针旋转90°以放置快递（箱子）时，快递（箱子）并不能被准确地放入智能配送机器人的车斗中。为了解决这个问题，尝试调整智能配送机器人的停靠位置，使其停靠在左侧T形路口右侧。这样，机械臂在顺时针旋转90°后放置快递（箱子）时，能够精准地对准车斗。这样的调整显著提升了放置快递（箱子）的准确率，如图8-11所示。

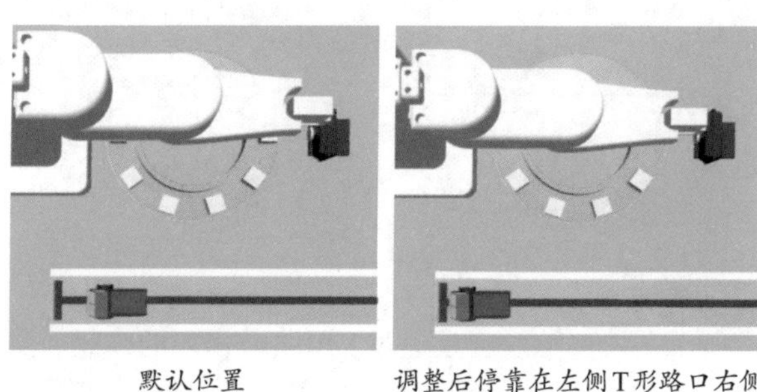
默认位置　　调整后停靠在左侧T形路口右侧

图8-11

车斗内部空间足以容纳两个快递（箱子），如图8-12所示。然而，如图8-13所示，当第一个快递（箱子）被放置时，其位于车斗内部空间的中间位置，显然并未最大化利用车斗内部空间。为了提升车斗内部空间的利用效率，我们可以考虑放置两个快递（箱子）。具体步骤如下：首先，如图8-14所示，车辆应后退一段距离，以便将第一个快递（箱子）放置在车斗内部空间中靠近车头的位置；随后，放置第二个快递（箱子），如图8-15所示。通过这样的方式，我们可以确保车斗内部空间得到充分利用。

图8-12

图8-13

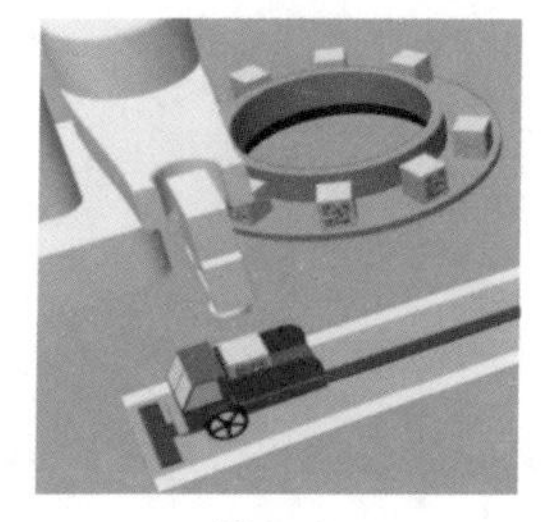
图8-14

图8-15

五、循迹类

在智能配送挑战赛的场景（见图8-16）中，右侧的整个路线呈“日”字形。这条路线由黑线连接各个节点，且每个连接点均呈现90°的直角转弯。

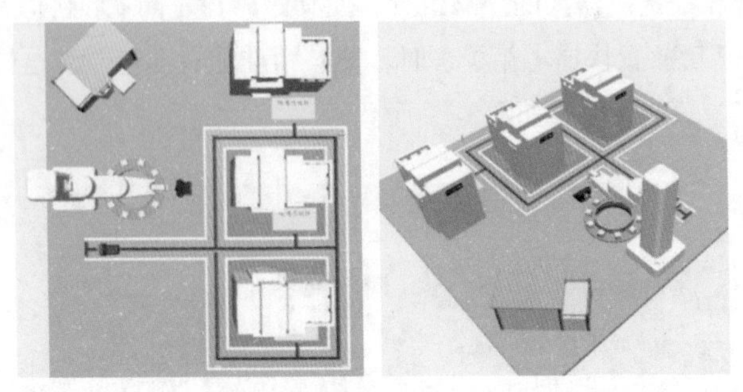

图8-16

此外，如图8-17所示，快递堆放区是通过T形路口接入的，此处路线被设计为断线。在进行编程时，应当仔细考虑这些特定的路线和连接点。

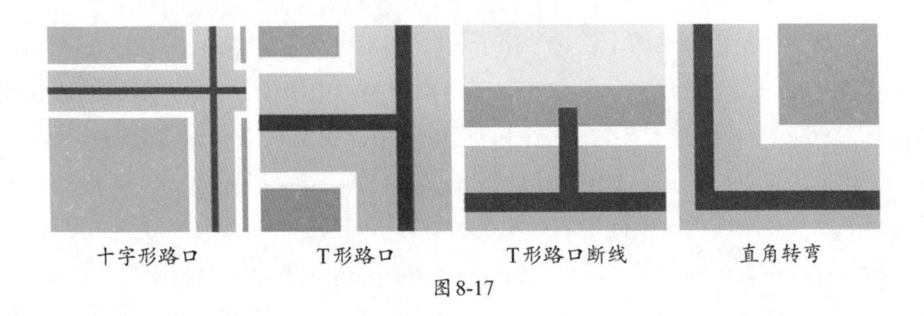

图8-17

8.1.3 竞赛的注意事项

一、扣分项

注意阅读规则，了解扣分项。例如，智能配送挑战赛里，无效快递不得离开转盘，否则会扣100分。

二、时间

竞赛有规定的时间，如果剩余时间不足以完成任务，建议立即提交成绩。在竞赛过程中可以多次提交成绩，取最好成绩作为最终成绩。

三、速度

在追求效率的过程中，不应单纯强调速度的最大化。稳定性与速度的平衡是确保任务成功完成的关键。

以智能配送挑战赛为例，过快的转盘速度可能导致快递偏离预定轨道，未能准确将其上的二维码对准摄像头，进而无法进行有效识别。

同样，在筑梦天宫挑战赛中，对太空飞船速度的选择也需慎重。若因速度过快而错过收集太空垃圾的机会，再行调整将消耗额外时间，影响整体效率。

因此，建议在执行任务时，首先确保操作的稳定性，再适度提升速度，以达成最佳的任务执行效果。

四、左右两侧马达方向

注意左右两侧马达方向，默认设置为两个右马达。根据需求对左右两侧马达方向进行调整，比如由右马达和右马达调整为左马达和右马达，如图8-18所示。

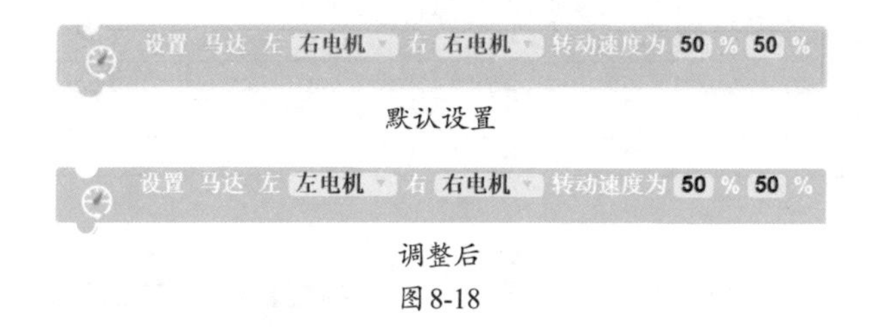

图8-18

五、角度

在筑梦天宫挑战赛里，太空飞船的真空吸盘的有效作用范围相对有限，需要注意调整角度，对准太空垃圾才能将其有效吸附。

六、保存

在编写程序时，建议及时保存程序。这样即使计算机偶尔出现意外情况，如死机、崩溃或其他不可预见的问题，也能避免因数据丢失而带来不便。

8.2 任务策略和竞赛技巧

在众多完成任务的途径中，寻求最高效的途径是至关重要的。竞赛中涉及多重任务，我们必须根据任务的难易程度，科学合理地安排优先级，合理分配时间。通过不断结合各种策略和竞赛技巧以优化方案，我们可以有效提升成绩，确保在竞赛中取得优异表现。

8.2.1 了解竞赛的五大策略

一、由易到难

万事开头难，一旦找到了突破点，便能够以破竹之势，迅速领先。在竞赛中，完成任务应当遵循由易到难的原则，逐步深入。

以筑梦天宫挑战赛为例，选手通过键盘操作（见图8-19）控制不同模块，完成各项指定任务。如创伤检测任务，可通过按两次E键（机械臂下降），3次W键（机械臂朝前），5次Z键（摄像头左转）完成。这类任务相对简单，操作和用时较少，可以优先完成。

类别	描述	按键
机械臂	前	W
	后	X
	升	Q
	降	Q
	左转	A
	右转	D
	前摄像头左转	Z
	前摄像头右转	C
舱门	不可燃垃圾回收舱舱门打开或关闭	J
	可燃垃圾回收舱舱门打开或关闭	I
	小行星样本回收舱舱门打开或关闭	L
太阳翼	横向太阳翼向上	↑
	横向太阳翼向下	↓
	纵向太阳翼向左	←
	纵向太阳翼向右	→

图 8-19

执行回收太空垃圾的任务时，需要驾驶太空飞船至目标区域，启动真空吸盘，精确对准太空垃圾进行收集，随后返航。在返航后，还需根据垃圾是否可燃，选择相应的舱门，进行太空垃圾的分类投放。此类较难任务操作繁多，需要投入大量的时间进行练习，可以稍后完成。主要操作流程如图 8-20 所示。

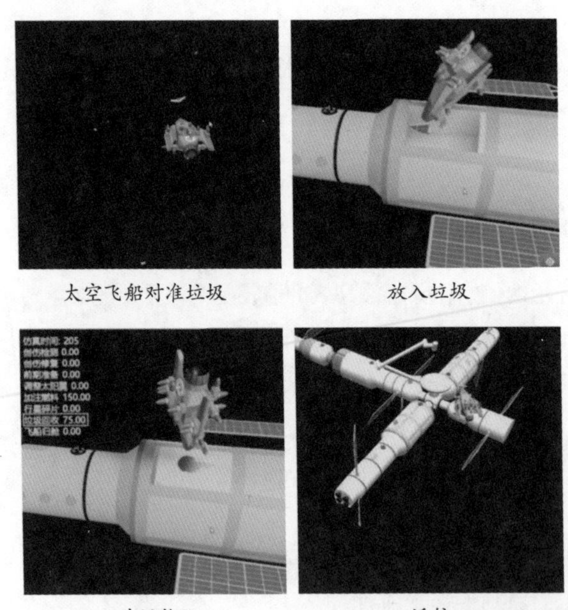

太空飞船对准垃圾　　放入垃圾

关闭舱门　　返航

图 8-20

在参与竞赛时，建议根据任务的难易程度进行有序安排。优先处理相对容易的任务，这不仅有助于迅速累积基础分数，更能在逐步完成任务的过程中增强选手的信心。

二、就近原则

在智能配送挑战赛中，快递分两类，一类是快递（箱子），另一类是快递（金币），快递（金币）出现的位置如图8-21所示。三栋楼的顺序：最上面是一号楼，中间是二号楼，最下面是三号楼。假如第一个快递（金币）在右下角，如图8-22所示，距离三号楼最近，应该优先装载三号楼的快递（箱子），然后收取右下角的快递（金币），这样可以最快刷新第二个快递（金币）。

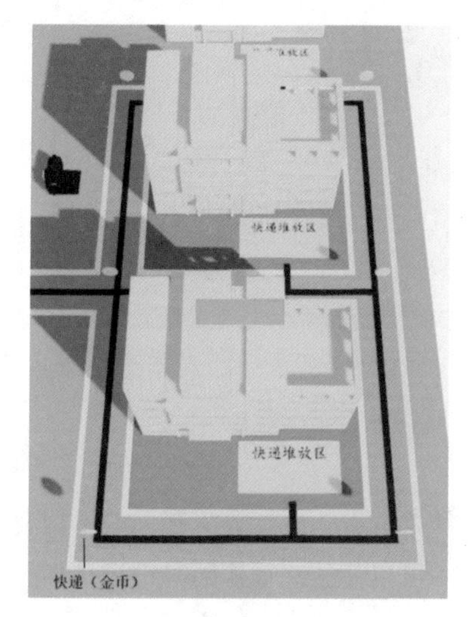

图8-21

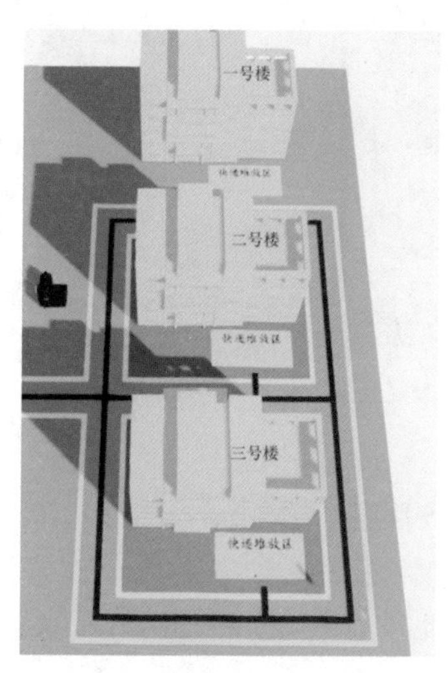

图8-22

只有收取第一个快递（金币），第二个快递（金币）才会刷新，否则快递（金币）一直处在等待被收取的状态。

三、最优策略

条条道路通罗马，在通往罗马的众多道路中，如何抉择出最优道路（策略），这是一个需要仔细权衡的问题。

在处理配送快递（金币）和收取快递（金币）这两项任务时，执行的顺序会直接影响效率。如果选择先配送快递（箱子）再收取快递（金币），那么右下角的快递（金币）将不得不处于等待被收取的状态，而第二个快递（金币）也不会出现。如果配送快递（箱子）需要10s，那么等待的时间将会增加10s。

然而，如果我们换一种策略，先不急于配送快递（箱子），而是先收取快递（金币）再配送快递（箱子），那么情况就会有所不同。在配送快递（箱子）的过程中，时间依然在流逝，而第二个快递（金币）也会在这段时间内刷新出现。假设配送快递（箱子）需要10s，但如果我们在5s后就能收取到第二个快递（金币），这种策略就比先配送快递（箱子）再收取快递（金币）的策略更加节省时间。

这种微小的时间节省，虽然在单次任务中可能微不足道，但在多次任务中进行累积，就能产生显著的效果。因此，从总体效率出发，我们可以得出结论：在处理这两项任务时，收取快递（金币）应该被优先考虑。如图8-23所示，这种策略在实际应用中具有明显的优势。

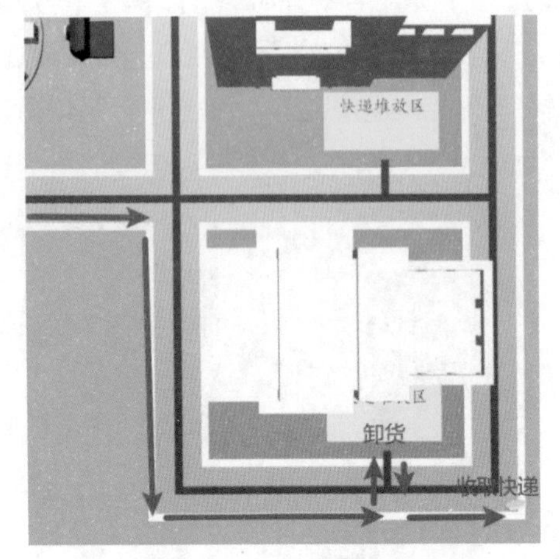

先配送快递（箱子）再收取快递（金币）

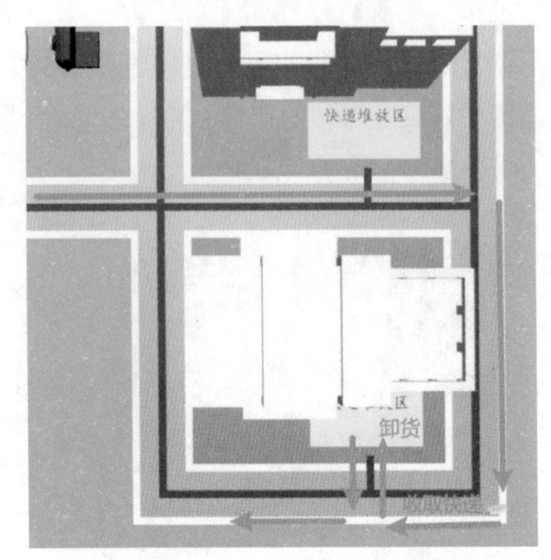

先收取快递（金币）再配送快递（箱子）

图8-23

四、并列程序

装载和配送快递（箱子）动作包含：识别→机械臂吸取→机械臂旋转→放下快递→智能配送机器人配送快递（箱子）→返回→转盘转动。可以让某些动作同时进行，用并列程序提高效率。

当智能配送机器人在配送快递（箱子）的过程中，转盘和机械臂一直处于等待状态。如果智能配送机器人在配送快递（箱子）的过程中，转盘和机械臂也能工作，并且抓取对应的快递（箱子），将其装在智能配送机器人的车斗里，可以更节省时间，如图8-24所示。

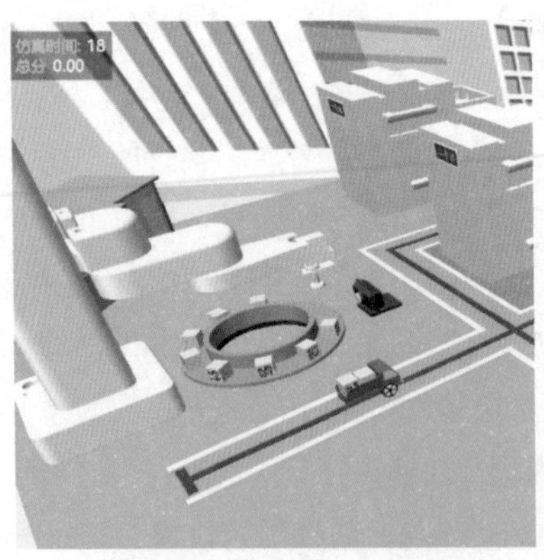

无并列程序，机械臂处于等待状态

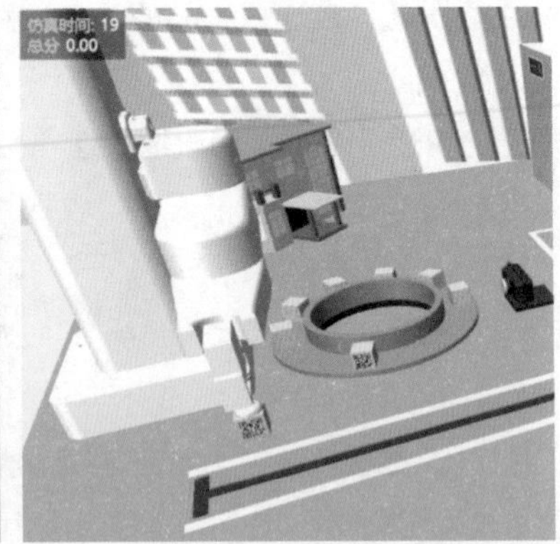

有并列程序，快递（箱子）已准备好

图8-24

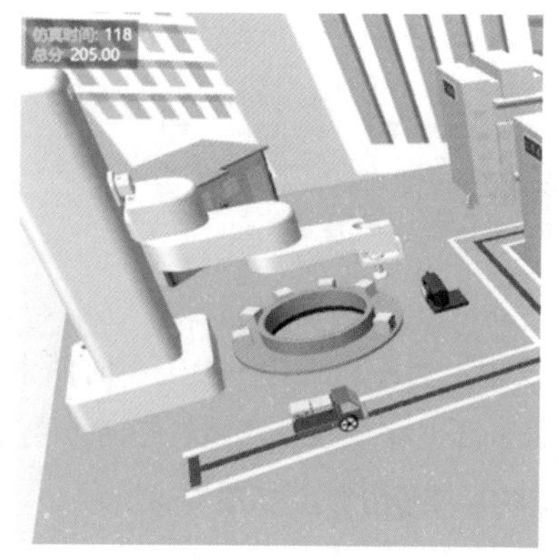

无并列程序，用时118s

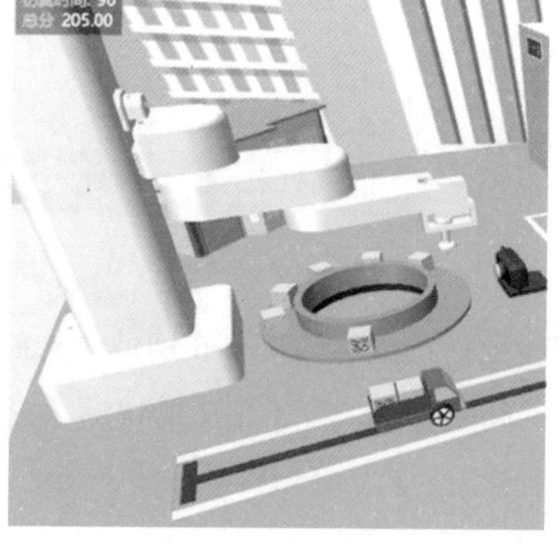

有并列程序，用时96s

图8-24（续）

五、台阶上升

建议按照以下3个阶段进行竞赛。

第一阶段：完成基础程序的编写。编写完毕后，需进行初步测试，确保实现的功能涵盖前进、后退、左转、右转及循迹等基本功能，并实际执行一次路线循迹。此举不仅有助于获取基础分数，更能及时发现程序中的潜在问题，便于及时修正，避免在竞赛中因紧张情绪忽略关键错误，造成竞赛时间的浪费。

第二阶段：着重完成竞赛的中等难度任务。以智能配送挑战赛为例，装载和配送快递（箱子）任务共300分，完成这两项任务应成为此阶段的核心目标，对整体成绩至关重要。

第三阶段：在前两个阶段的基础上，挑战最高难度的任务，力求在最短时间内获取最高分数。

学习如同攀登台阶，每一阶段都需稳步推进，逐步提升技能与增强信心，最终才能取得优异成绩。

8.2.2 积累各种竞赛技巧

一、数据总结

培养一种系统性的总结习惯，通过记录和分析各种数据，以达到归纳、总结和反思的目的，这有助于我们更好地理解问题和推理解决方案。

在竞赛过程中，选手通过反复的实践与测试，能够洞察任务中的内在规律，并据此制定出高效的应对策略。这些宝贵的规律和策略应当及时予以记录，形成一份详尽的参考手册。此手册不仅能为当前竞赛提供有力支持，更能在未来的其他竞赛活动中作为重要参考，其价值堪比“武林秘籍”，具有极高的收藏与利用价值。

二、录像功能

软件内置录像功能，在进行训练时可利用此功能进行录像，记录并分析动作。该功能的操作界面如图8-25所示，可以通过慢放录像，观察并分析动作中的细节问题，以便进行相应的调整和改进。

图8-25

以智能配送挑战赛为例，在回放录像时发现：当配送快递（箱子）时两个快递（箱子）之间的间隔较小，位于车尾的快递（箱子）几乎完全在车斗内时，两个快递（箱子）可以成功堆叠到一起，将获得额外的30分，也就是堆叠分数，如图8-26所示。

配送快递（箱子）

成功配送快递（箱子），快递（箱子）叠放在一起

图8-26

如果快递（箱子）之间的间隔太大，配送快递（箱子）时就很难让快递（箱子）叠放在一起，无法获得额外的堆叠分数，如图8-27所示。

图8-27

通过对将快递（箱子）装载到智能配送机器人的情况进行慢放，发现智能机器人转弯后，快递（箱子）之间的间隔明显变大，也就是转弯操作需要优化。可以多次测试，调整参数，找到合适的转弯数据，如图8-28所示。

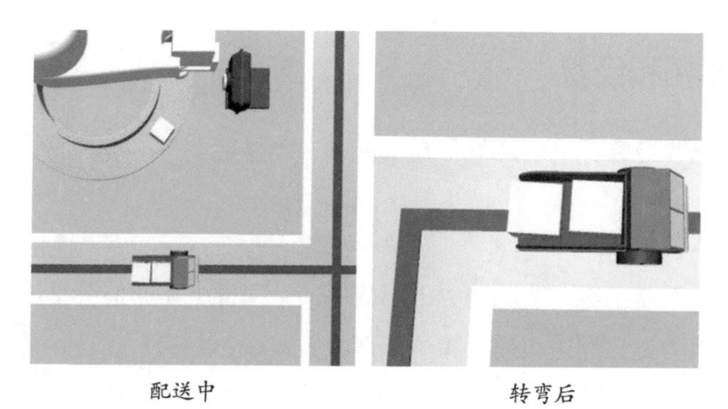

配送中　　　　转弯后

图 8-28

三、重命名

根据实际情况对马达和程序进行重命名，以便在编程和查找错误的时候，可以起到事半功倍的效果。

比如在筑梦天宫挑战赛里，对太空飞船各个引擎的编程，如图 8-29 所示。

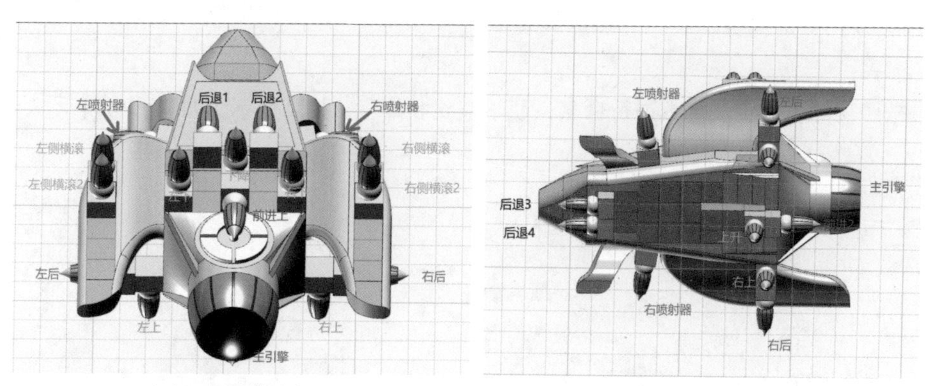

太空飞船引擎重命名1　　　　太空飞船引擎重命名2

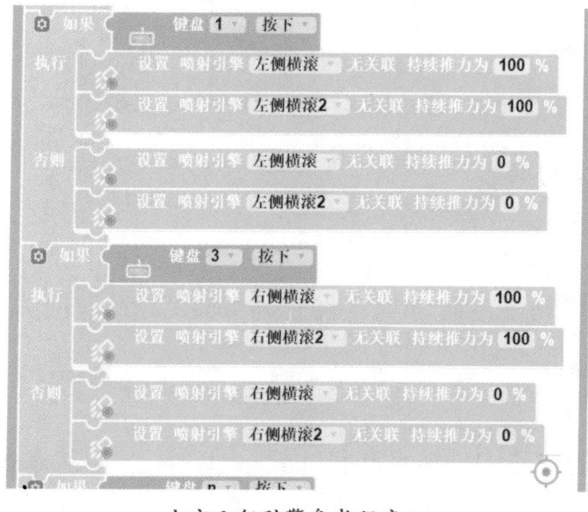

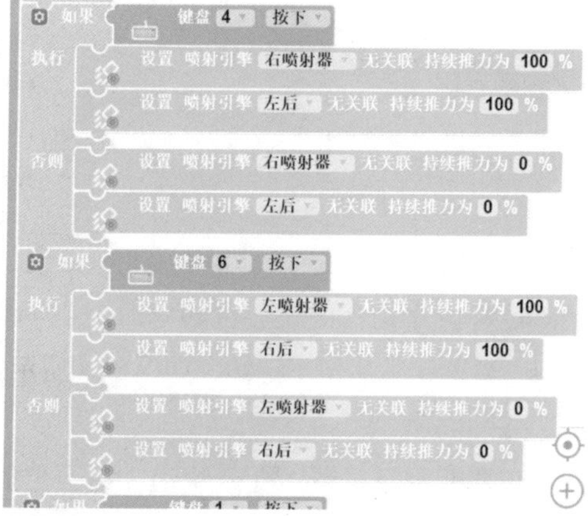

太空飞船引擎参考程序1　　　　太空飞船引擎参考程序2

图 8-29

8.3 优秀案例和经验

借鉴以前的竞赛经验，集思广益，开拓进取，才能更上一层楼。

8.3.1 优秀案例分享

以2022—2023学年中国“芯”助力中国梦——全国青少年通信科技创新大赛“智能配送挑战赛”小学组为例，配送快递（箱子）部分：将6个快递（箱子）配送到指定快递堆放区，每配送一个快递（箱子）得50分，堆叠在一起再得30分，共390分。收取快递（金币）部分：每收取一个快递（金币）得15分，每隔15s刷新一个快递（金币），理论上300s的竞赛时间可以刷新20个快递（金币），共300分。很多师生误认为满分为690分。实际上因为智能配送机器人刚开始在左侧，收取快递（金币）需要时间，并不能收取第20个快递（金币），最多收取19个快递（金币），得分为285分。加上配送快递（箱子）得分为390分，满分应为675分。在练习中和决赛赛场上多次诞生得分在660分以上的高分选手。他们的经验总结为以下7点。

一、命名

按照功能对自定义函数进行命名，便于查找和编程，提高效率，如图8-30所示。

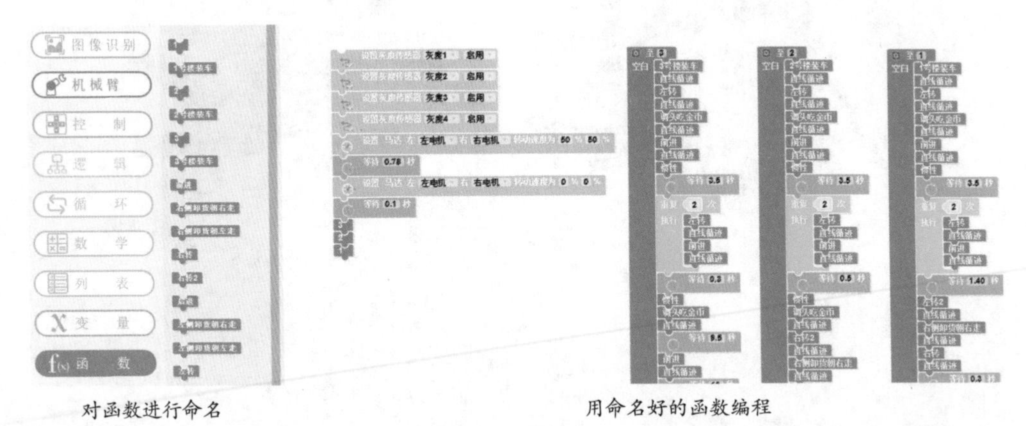

对函数进行命名　　用命名好的函数编程

图8-30

二、优化转弯

转弯快才是真的快。将转弯时左右两侧马达的转动速度优化到46%，等待时间为0.26s，这两个数字便于记忆，如图8-31所示。

三、并列程序

在智能配送机器人配送快递（箱子）的过程中，转盘和机械臂一直处于等待状态。如果在配送快递（箱子）的过程中，转盘和机械臂也能同时工作，并且抓取对应的快递（箱子），等智能配送机器人回来后直接将其装载到车斗内，运输效率将大幅提升，如图8-32所示。

四、优化路线

在配送快递（箱子）的过程中，应根据快递（箱子）信息的更新规律，精心规划配送路线。可以选择在相同的时间段内优先完成快递（金币）的收取工作，再进行配送快递（箱子）操作。

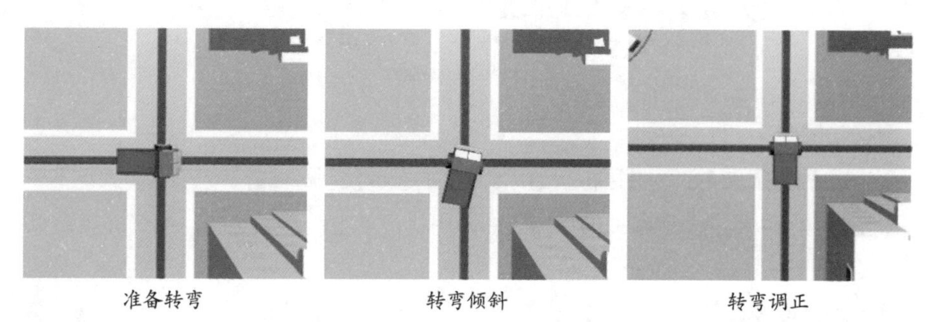

准备转弯　　转弯倾斜　　转弯调正

转弯程序图（优化前）　　转弯程序图（优化后）

图8-31

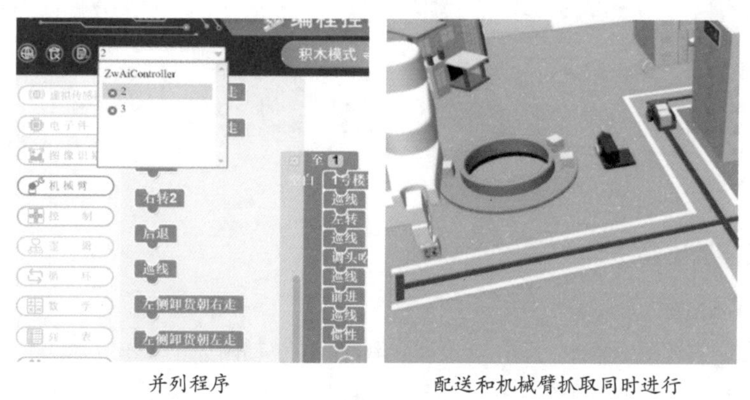

并列程序　　配送和机械臂抓取同时进行

图8-32

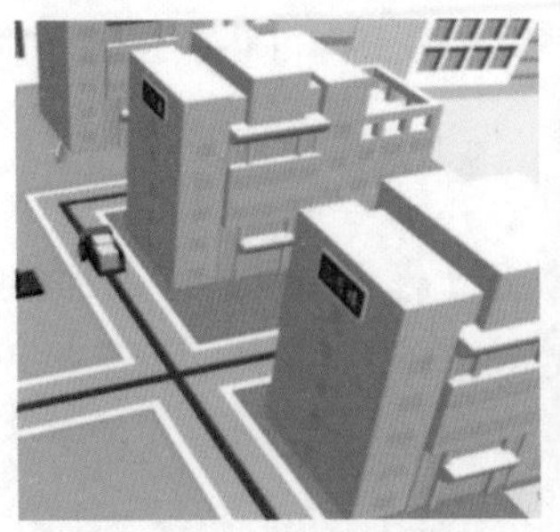

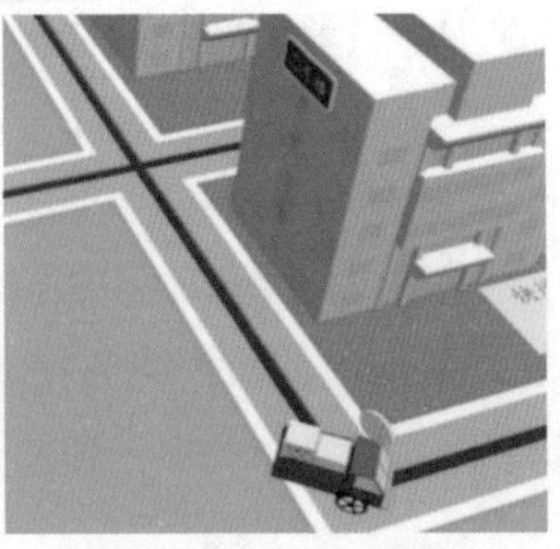

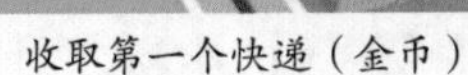

收取第一个快递（金币）　　收取第二个快递（金币）

图 8-32（续）

五、鼠标和键盘

因为选手需使用鼠标调整视角，使用键盘上的按键控制机械臂、太阳翼、太空飞船、空间站回收舱舱门，键位设定参见图 8-19。如果用笔记本电脑参加竞赛，最好外接键盘，使操作更便捷。

六、根据功能设置键位

用数字小键盘更便于操作，如图 8-33 所示。可以根据实际操作设置键位，比如数字小键盘上的 4 键控制左转，数字小键盘上的 6 键控制右转。这样便于理解，也便于操作，按键参考程序如图 8-34 所示。

图 8-33

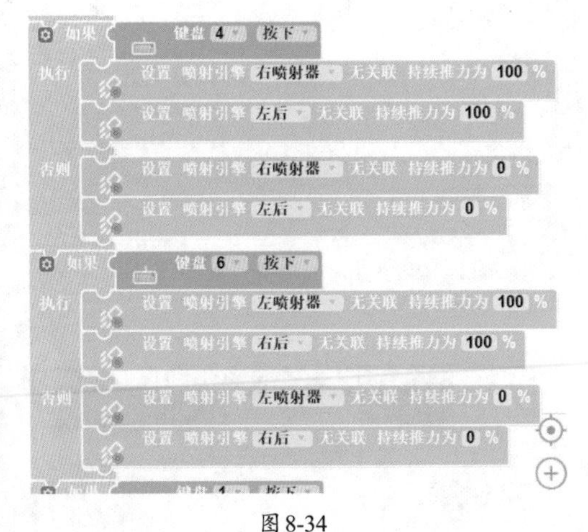

图 8-34

8.3.2　竞赛的准备工作

一、选用有线鼠标

无线鼠标在使用过程中，偶尔会出现延迟较高、自动断连、操作效率低等问题，因此，建议选用有线鼠标，并搭配鼠标垫一同使用，以提供更加稳定和高效的操作。有线鼠标通过直接连接计算机，能够减少信号传输的干扰和延迟，提高操作的精准度和响应速度。同时，鼠标垫能够提供更加平滑和稳定的操作，进一步提升鼠标的使用效果。

二、笔记本

记忆力的强化离不开日常的刻苦训练，详尽地记录则是提升记忆效果的关键。选手在持续的练习过程中，会接触到大量重要的数据，若能用笔记本用心记录并加以整理，不仅能够加深对这些数据的印象，还能够在不断地回顾与总结中，实现自我提升与成长。因此，建议在实践中注重记录，让笔记本成为进步的见证，以严谨、稳重、理性的态度，推动个人能力的持续提升。

三、勤奋

一分耕耘一分收获。在正式竞赛时，有的任务是随机的，如果能在竞赛前进行各种任务的测试，遇到的情况越多，应急方案越多，在竞赛的时候就能胸有成竹、不慌不忙。

四、集思广益

一个人的思维能力是有限的，但通过集思广益、深入研讨和相互学习，就可以激发出更多的创意火花，拓宽思维视野，为解决问题和实现目标提供更丰富多样的思路和想法。

五、参加测试

在正式竞赛前，通常都会安排赛前说明会以及相应的模拟测试。务必牢记预定的时间，确保按时参加赛前说明会。此外，参加模拟测试也是非常重要的，这将有助于选手了解竞赛流程和要求，为正式竞赛做好充分准备。

六、平常心

在参与竞赛的过程中，保持一个稳定的心态至关重要。必须对自己充满信心，避免过度的紧张情绪影响表现。一旦在竞赛中遇到问题，应当冷静回顾练习过程中遇到的类似情形，从而采取有效的措施。尤为重要的是，保持坚韧不拔的毅力，绝不轻易放弃。

七、四句箴言

努力才能不后悔。奋斗不曾留遗憾。错过就要等一年。拼搏才会有收获。

8.3.3 竞赛心得

通过智能配送挑战赛，让选手对智能配送产生基本认知，提高选手对机器人操作相关知识的理解、掌握和应用能力，培养选手的创新精神、动手能力和编程能力，提升选手的综合素养。引导选手在“做中学，学中做”的过程中观察和思考，以习得新知识，同时将习得的知识与具体生活实际相联系，做到学以致用、活学活用。促进中小学素质教育的发展，推动创新教育模式的实践，为实现选手的全面发展和终身学习奠定基础。

星空浩渺无垠，探索永无止境。探索太空是人类的共同梦想，中华民族探索太空的步履从未停歇。在我国逐梦星辰大海的征途中，我们共同见证了航天人一步一个脚印不断开启星际探测的璀璨历程。筑梦天宫挑战赛不仅可以锻炼青少年的编程逻辑思维，还可以丰富青少年在航天领域的知识，激发青少年对太空进行探索和对相关知识进行学习的热情。

下面是部分参赛选手、指导老师和家长的心得分享与体会。

一、参赛选手心得

因为我学过图形化编程，所以对编程很有信心。但竞赛的难点是如何在短时间内完成任务，获得更高的分数。这就需要思考如何规划路线，采用怎样的策略和时间赛跑，才能不断突破自我。我平时都会把想到的思路记在笔记本上，不断梳理这些思路并将其优化。

参加竞赛要保持良好的心态，戒骄戒躁，不要紧张。

通过这次竞赛，我不仅学习到了人工智能理论知识，还锻炼了自己的逻辑思维。我现在学习其他科目的知识时，都会借鉴这个经验，先梳理思路，效率会更高。通信科技创新技术在我面前打开一扇神秘而有趣的大门。我愿始终学习通信科技创新技术，对未知事物始终保持好奇心，面对困难，永不放弃。

二、指导老师分享

在研究竞赛方案时，我总会把数据和灵感记录在笔记本上。从刚开始探索，到完成基础任务，然后不断找寻规律，尝试各种原则，比如就近原则等。从一次次的测试中，找到出错点，不断修正。在一条条路线的模拟中，探究最优路线，然后总结归纳，这些方法使我有非常大的提升。

在对学生的教学中，我们合作交流、集思广益。我鼓励学生勇于尝试，用各种各样的方法和思路去解决问题。培养学生的观察能力，注意每一处转弯等细节。

每当学生有所进步时，我就会鼓励他们。分享喜悦，一起进步。

我深深地感受到这个竞赛的无穷魅力，参加这个竞赛有助于将通信智能应用场景与创新教育理念及前沿通信技术有机结合，激发青少年对通信科技创新的兴趣及热情，培养学生的创新思维、团队协作能力与科学创新能力。同时，加深学生对通信网络及机器人操作相关知识的理解，推动人工智能技术的普及和应用，培养学生创新能力和动手能力，同时提升他们的综合素养。

赛后我与选手沟通交流，告诉他们胜不骄败不馁，归纳分析，再接再厉。这真是一次难得的经历，一种巨大的收获。

三、家长体会

作为家长，我一直立志做好孩子的后勤保障工作。给孩子准备笔记本电脑、有线鼠标、鼠标垫和笔记本。

训练期间，孩子有时遇到困难，我会鼓励孩子，及时请教老师和同学，一起找出解决问题的方法。平时，我也会与孩子一起学习，提出一些建议。孩子在培训期间成绩欠佳时，我会安慰他不要气馁，学会反思，分析自己在哪里没做好，可以怎样改进。成绩很好时，我会告诉孩子应该学会分享，让其他学生也有所进步。

竞赛过程非常刺激和精彩。收获颇丰。赛后孩子和我聊了很多，成长了不少，我非常欣慰。